土の中の生きものからみた

横浜の自然

ダンゴムシ・大型土壌動物・ササラダニ

原田　洋・栗城源一・大久保慎二・先崎　優

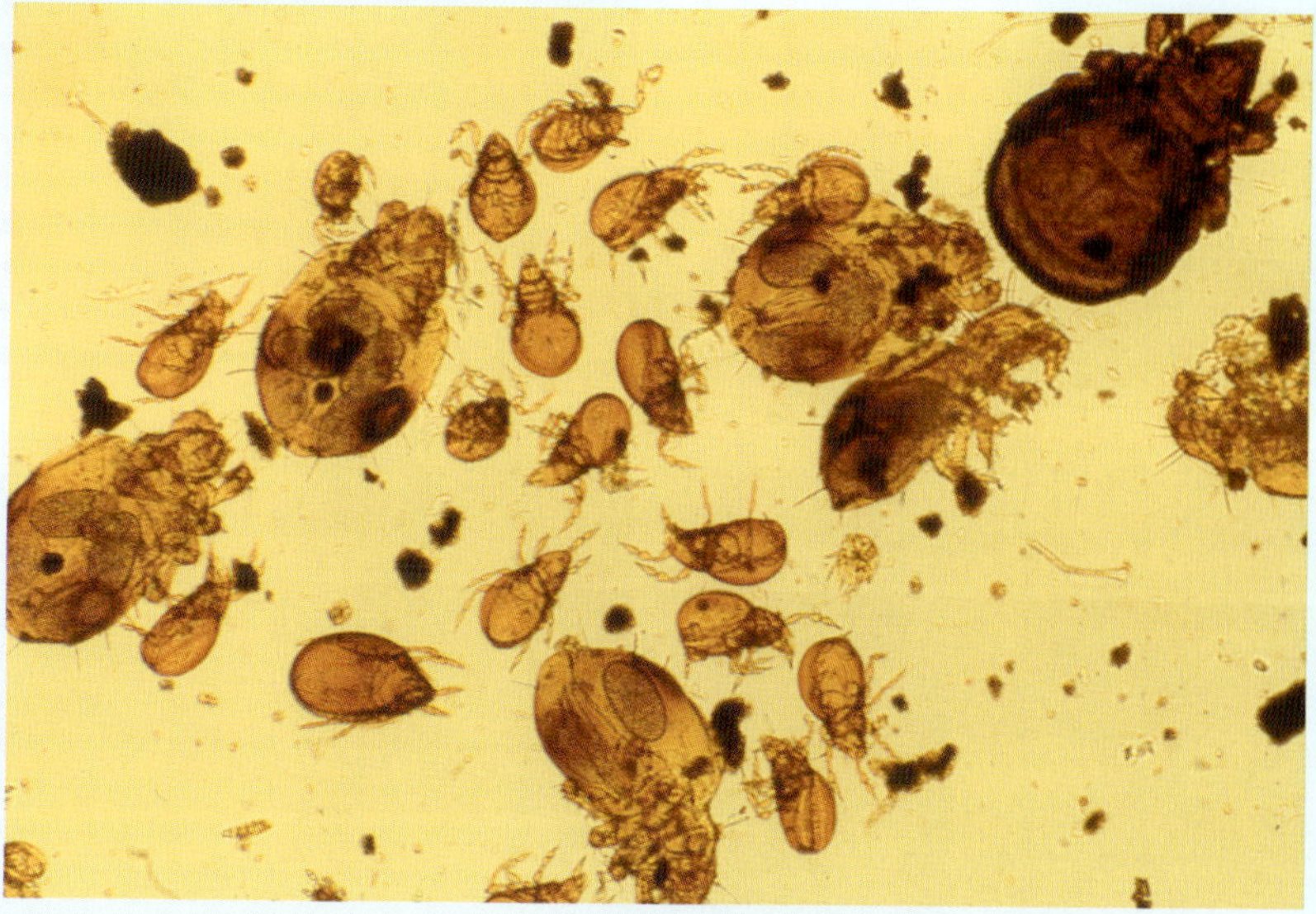

ササラダニ各種、この中の最大個体の体長は 0.7 ㎜

海青社

❶ ダンゴムシ各種の特徴

▲ 3種のダンゴムシ
腹尾節の形で容易に区分できる。
左からオカダンゴムシ、ハナダカダンゴムシ、コシビロダンゴムシ

▲ 左にハナダカダンゴムシ、右にオカダンゴムシ

▲ さまざまな体色のオカダンゴムシ

❷ ダンゴムシの生息場所

▲ハナダカダンゴムシとその生息場所

▲コシビロダンゴムシとその生息場所

❸ ダンゴムシの生態

▲ オオシマザクラとタブノキの葉各１枚を、オカダンゴムシを入れたシャーレに設置した様子

▲ １週間後の様子

▲ 雨水を避けて朽木上に避難したオカダンゴムシ

❹ 大型土壌動物の採取方法

◀ 森林の林床に 50 cm の方形枠を設置した様子

◀ 枠内の土壌試料を採取しているところ

◀ 枠内の土壌試料を採取した様子

◀ 土壌試料から動物を採集しているところ

❺ 大型土壌動物（1）

▲陸貝：キセルガイ（体長25㎜）

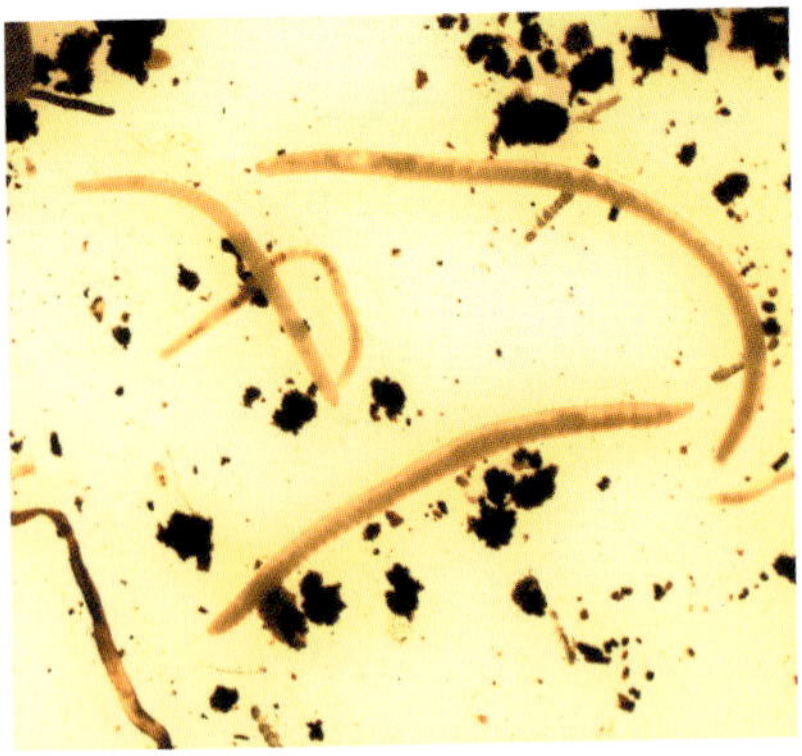

▲ヒメミミズ（10㎜）

▲ザトウムシ（5㎜）

▲ヨコエビ（8㎜）

▲ワラジムシ（11㎜）

▲ヒメフナムシ（7㎜）

❻ 大型土壌動物（2）

▲ オオムカデ（体長 80 mm）

▲ ヤスデ（30 mm）

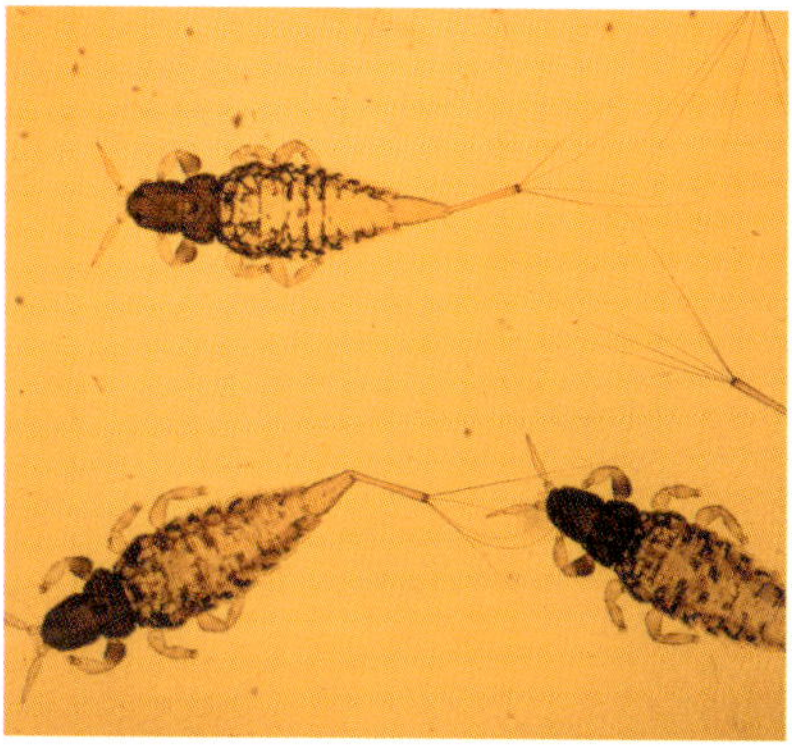
▲ アザミウマ（2 mm）

▲ ゴミムシ（10 mm）

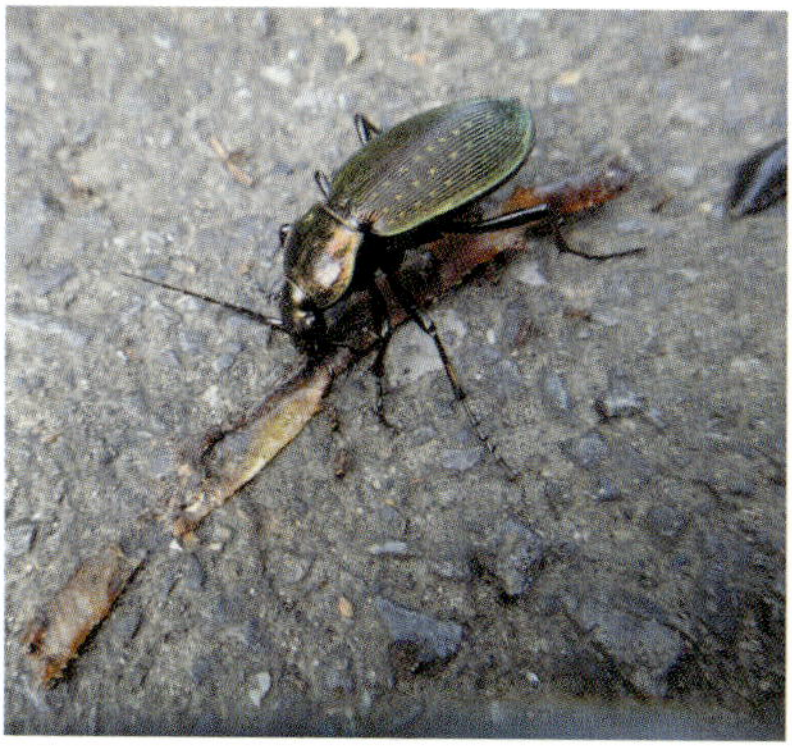
▲ アオオサムシ（30 mm）

▲ ベッコウヒラタシデムシ（17 mm）

❼ ササラダニの採取方法

▲採取用具

▲採土缶の縁に沿ってナイフで土壌を切る

▲ゴム槌で地表と水平になるように打ち込む

▲採土缶を掘り出し、はみ出している土をそぎ落とす

ササラダニの試料採取の様子

この後に缶の中の土壌試料をA4の紙封筒の中にかき出し、ステープラーでとめる。これを1試料とし、各調査地で5～8個採取する

❽ ササラダニ（1）

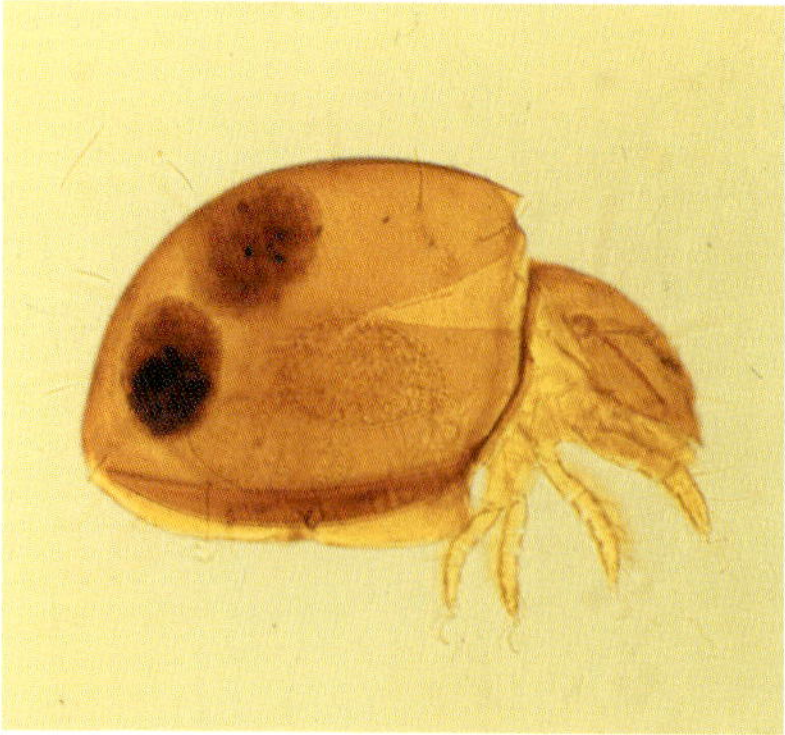

▲ヒメヘソイレコダニ（体長 0.6㎜）

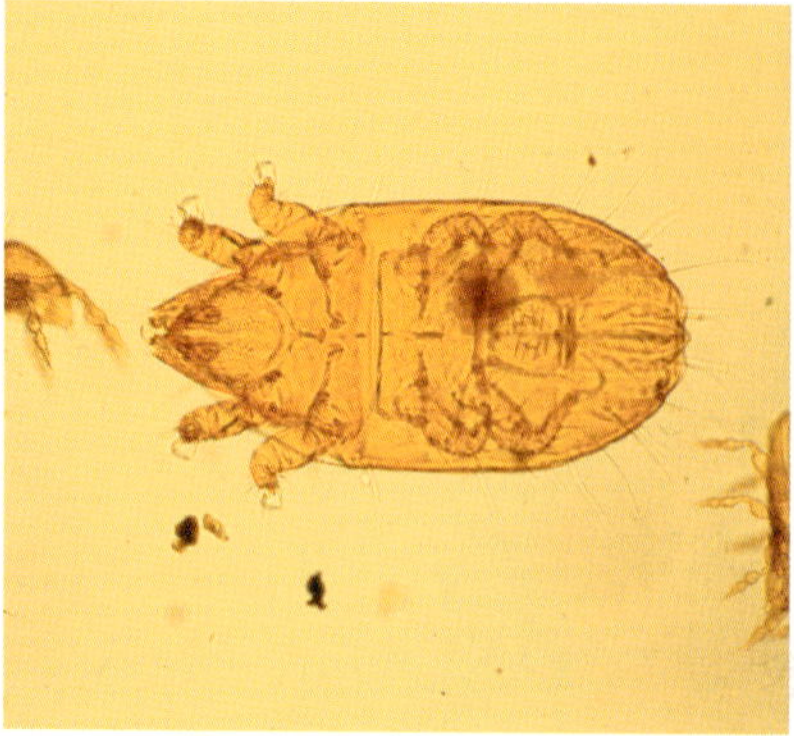

▲フトツツハラダニ（0.6㎜）

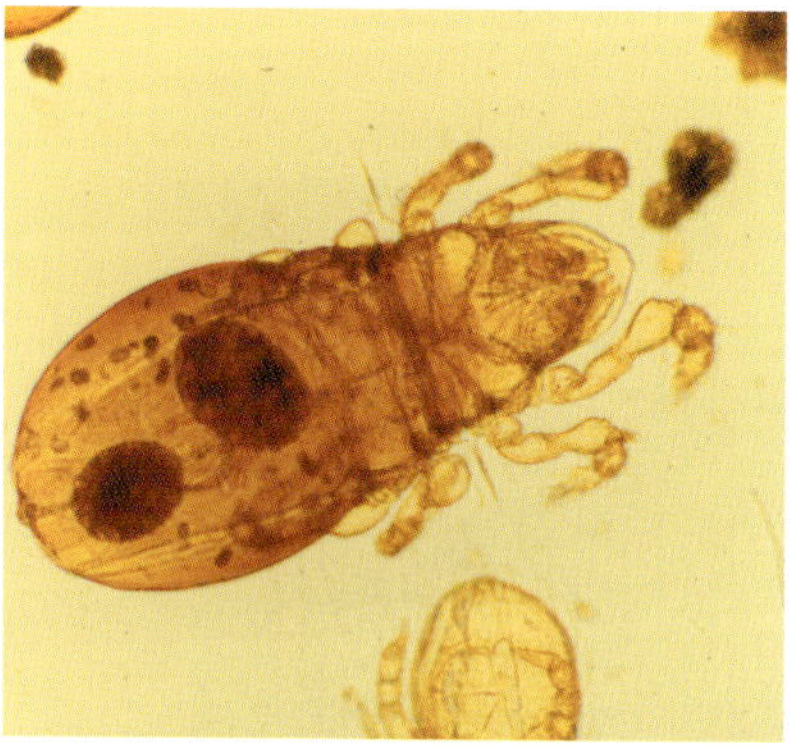

▲オオハラミゾダニ（0.7㎜）

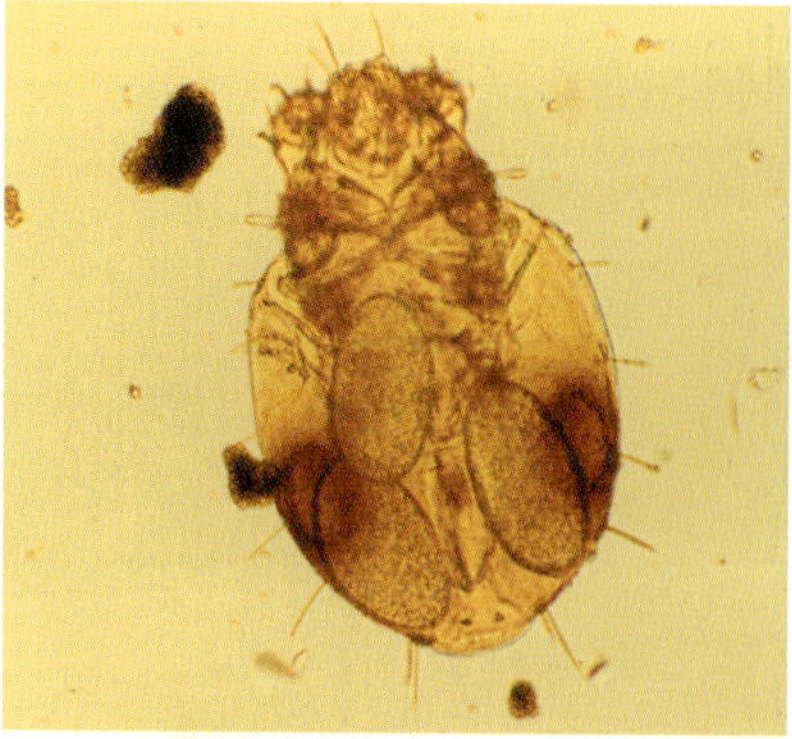

▲ヤマトモンツキダニ（0.7㎜）

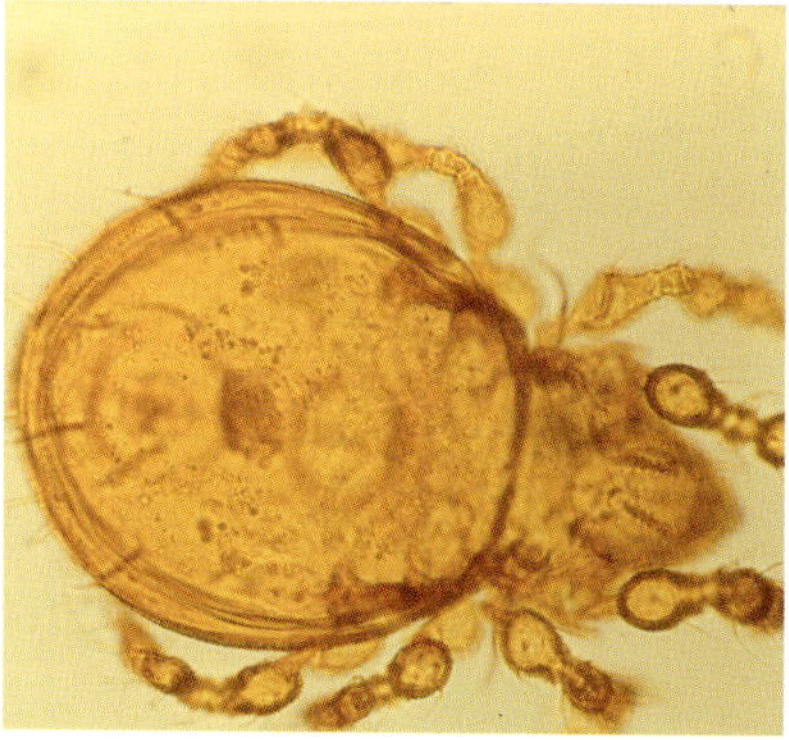

▲イチモンジダニ（0.4㎜）

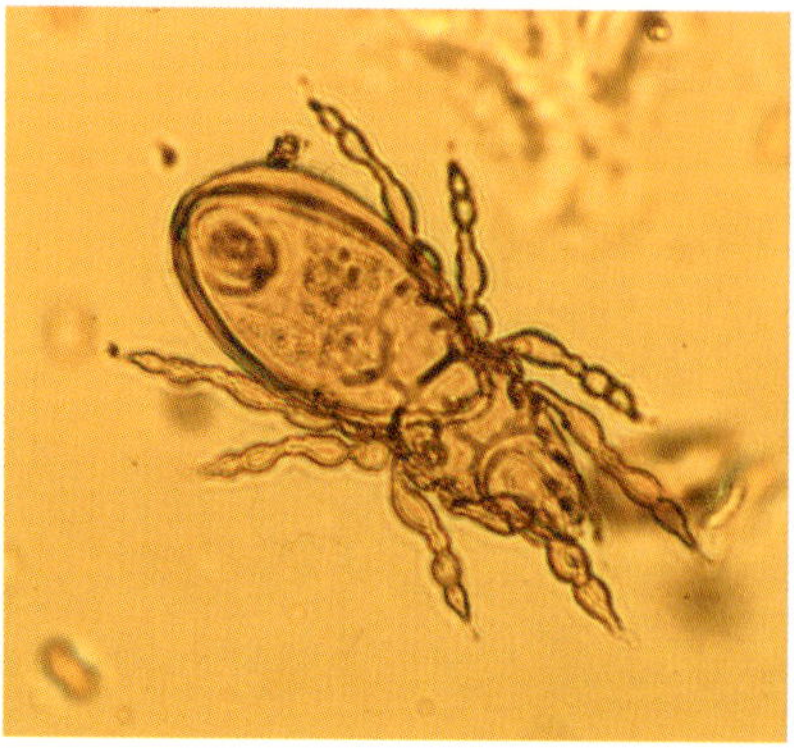

▲ホソチビツブダニ（0.2㎜）

❾ ササラダニ（2）

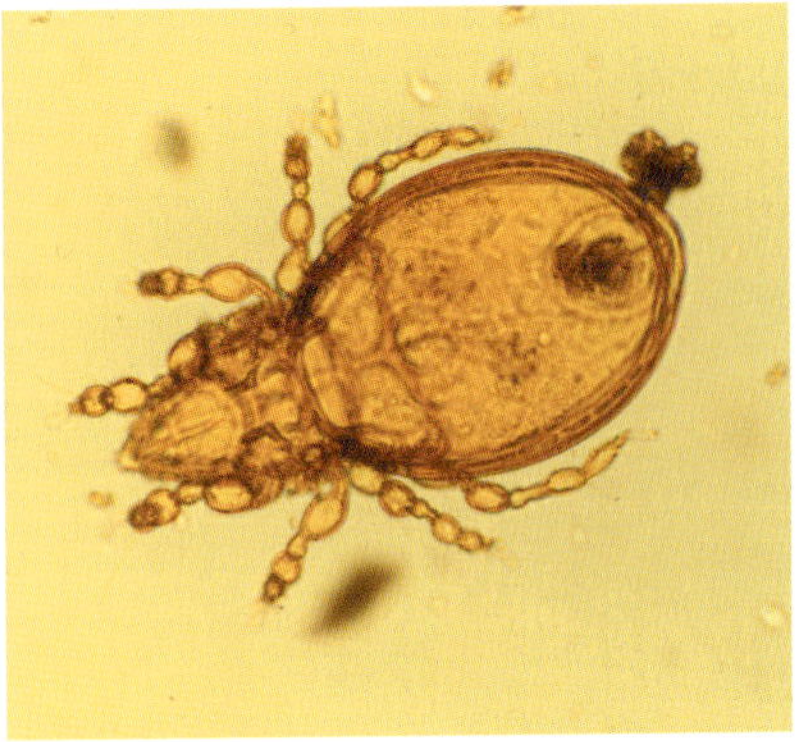

▲ナミツブダニ（体長 0.3㎜）

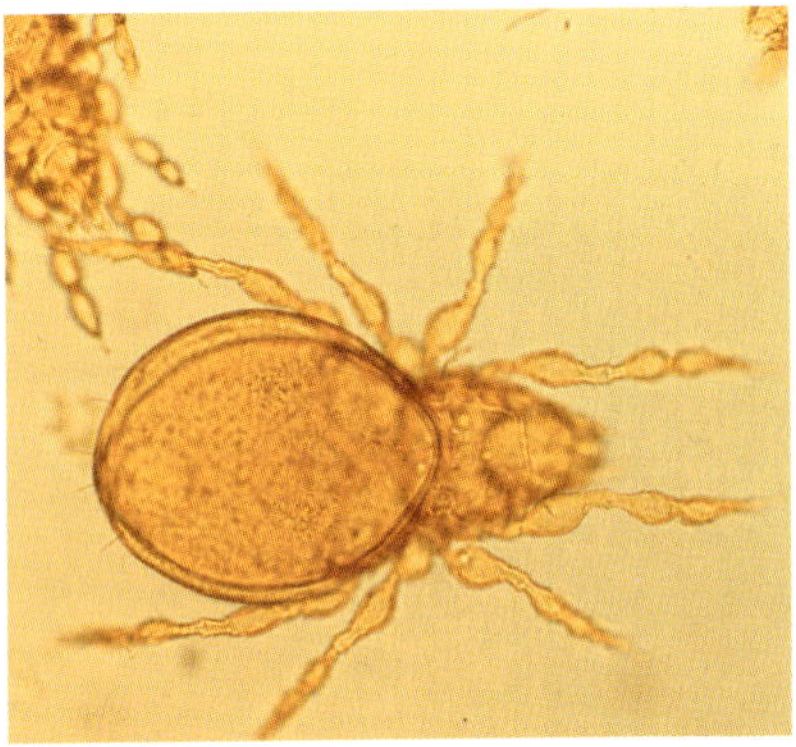

▲トウキョウツブダニ（0.25㎜）

▲ヤマトオオイカダニ（1.2㎜）

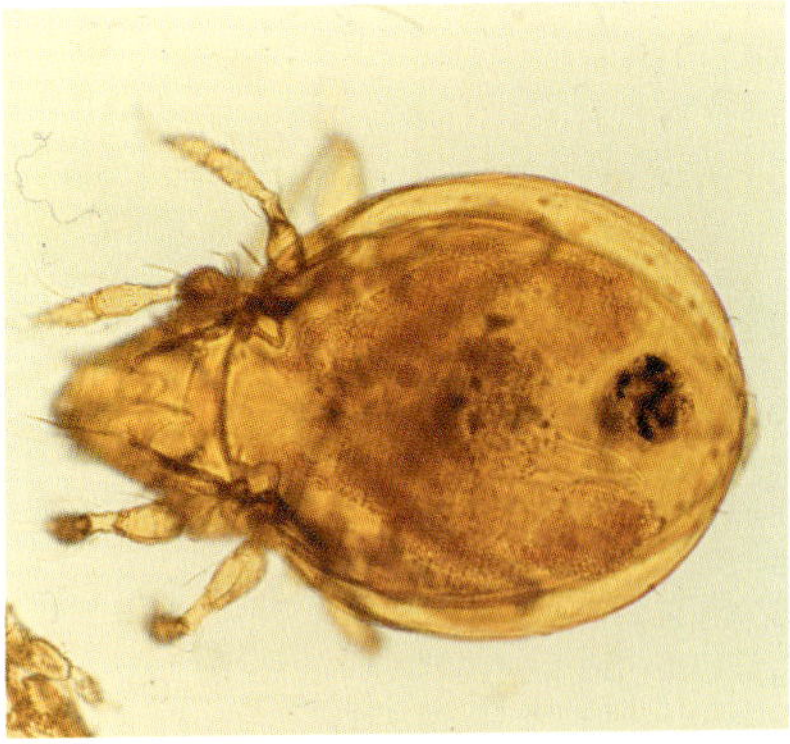

▲サカモリコイタダニ（0.4㎜）

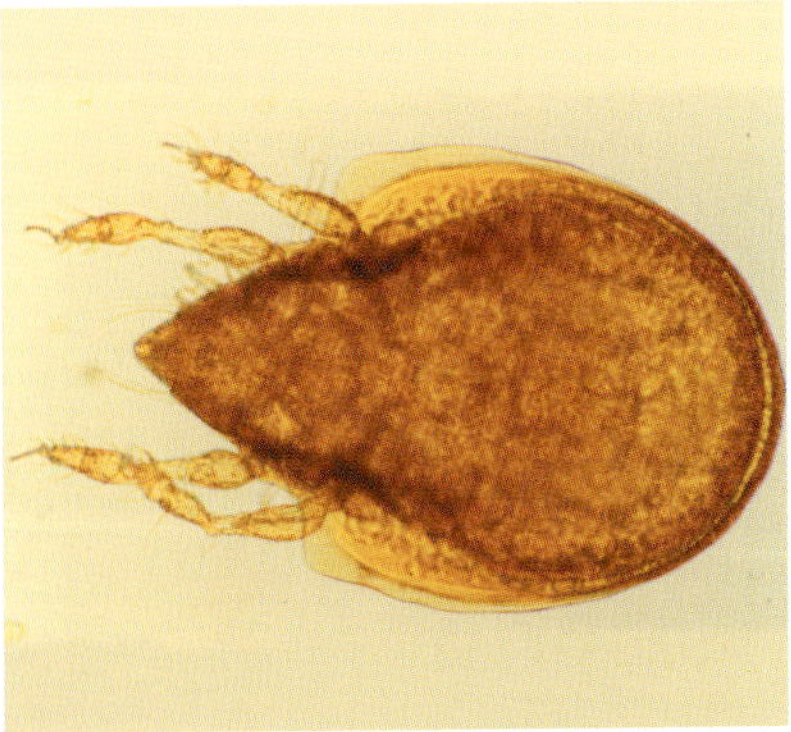

▲ハバビロオトヒメダニ（0.6㎜）

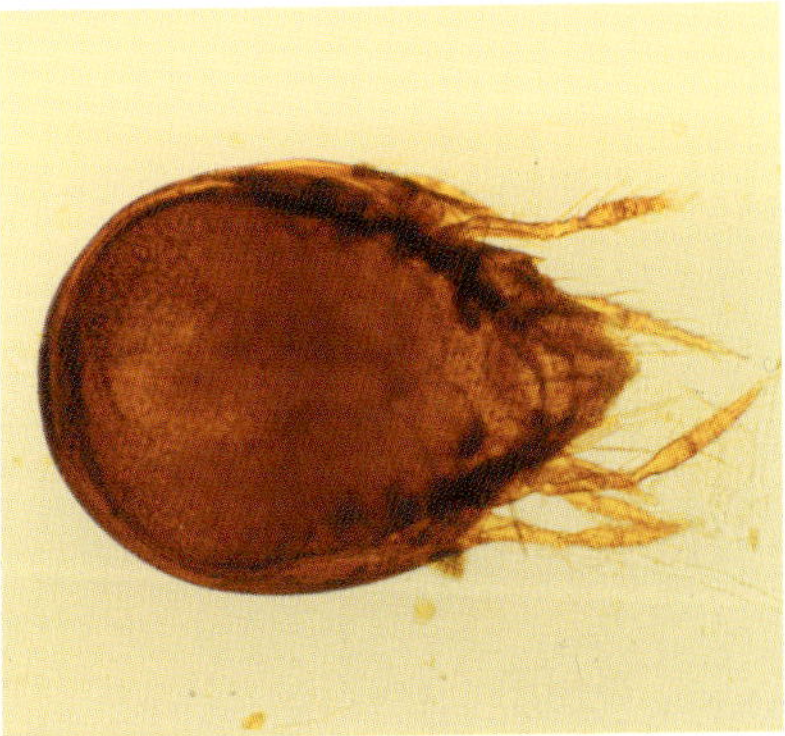

▲キュウジョウコバネダニ（0.7㎜）

⑩ 土壌動物による自然の評価（1）

▲トビムシ（体長１㎜）

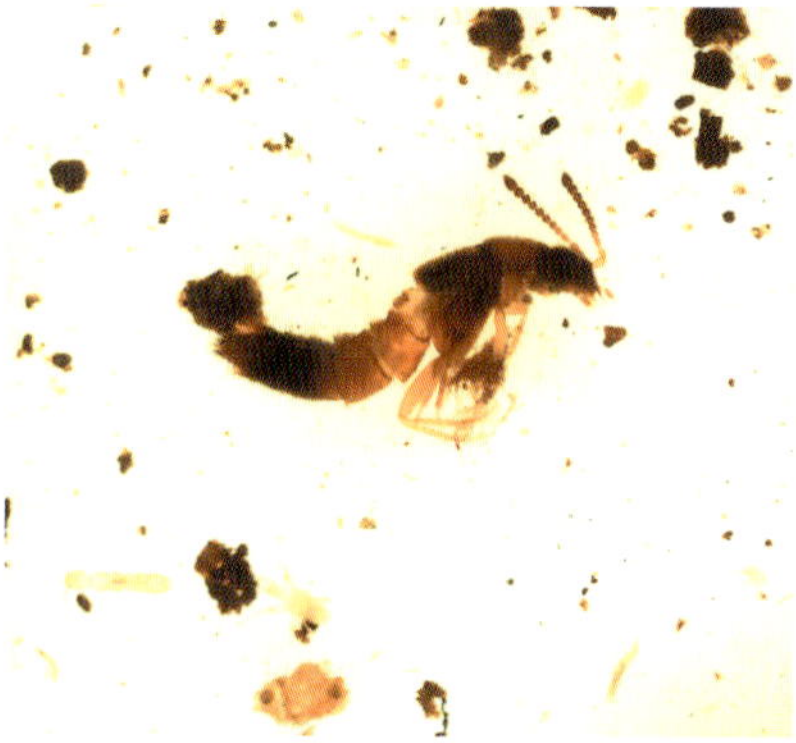

▲ハネカクシ（５㎜）

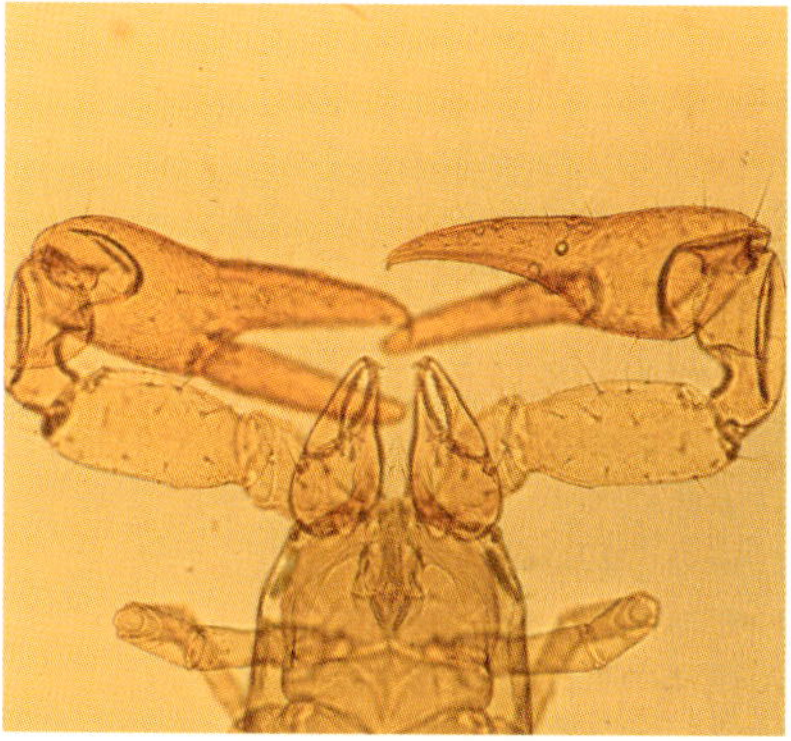

▲カニムシ（４㎜）

▲カメムシ（８㎜）

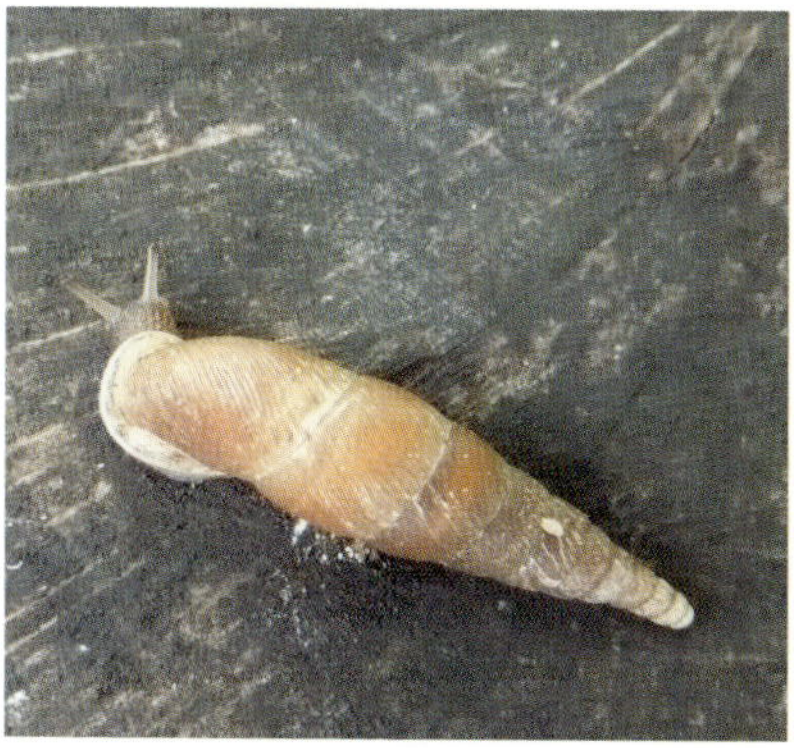

▲キセルガイ（25㎜）

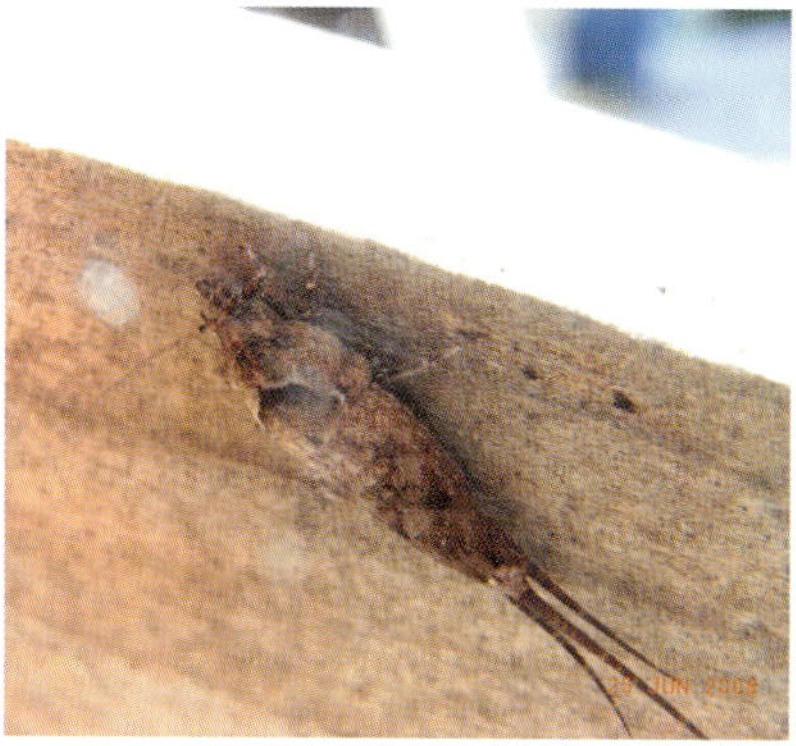

▲イシノミ（12㎜）

⑪ 土壌動物による自然の評価（2）

▲自然の豊かさ評価で最高点（93点）を示した円海山のコナラ林

▲土壌動物を土壌中から抽出するツルグレン装置

⑫ 土壌動物による自然の評価 (3)

▲自然の豊かさ評価で75点以上となるスダジイ林(左)とコナラ林(右)

▲自然の豊かさ評価で50～60点台の屋敷林(左)とモウソウ竹林(右)

▲自然の豊かさ評価で30点以下のツツジ植え込み(左)と空地雑草群落(右)

⑬ 植生図でみる横浜市青葉区・都筑区の植生の変遷（1）

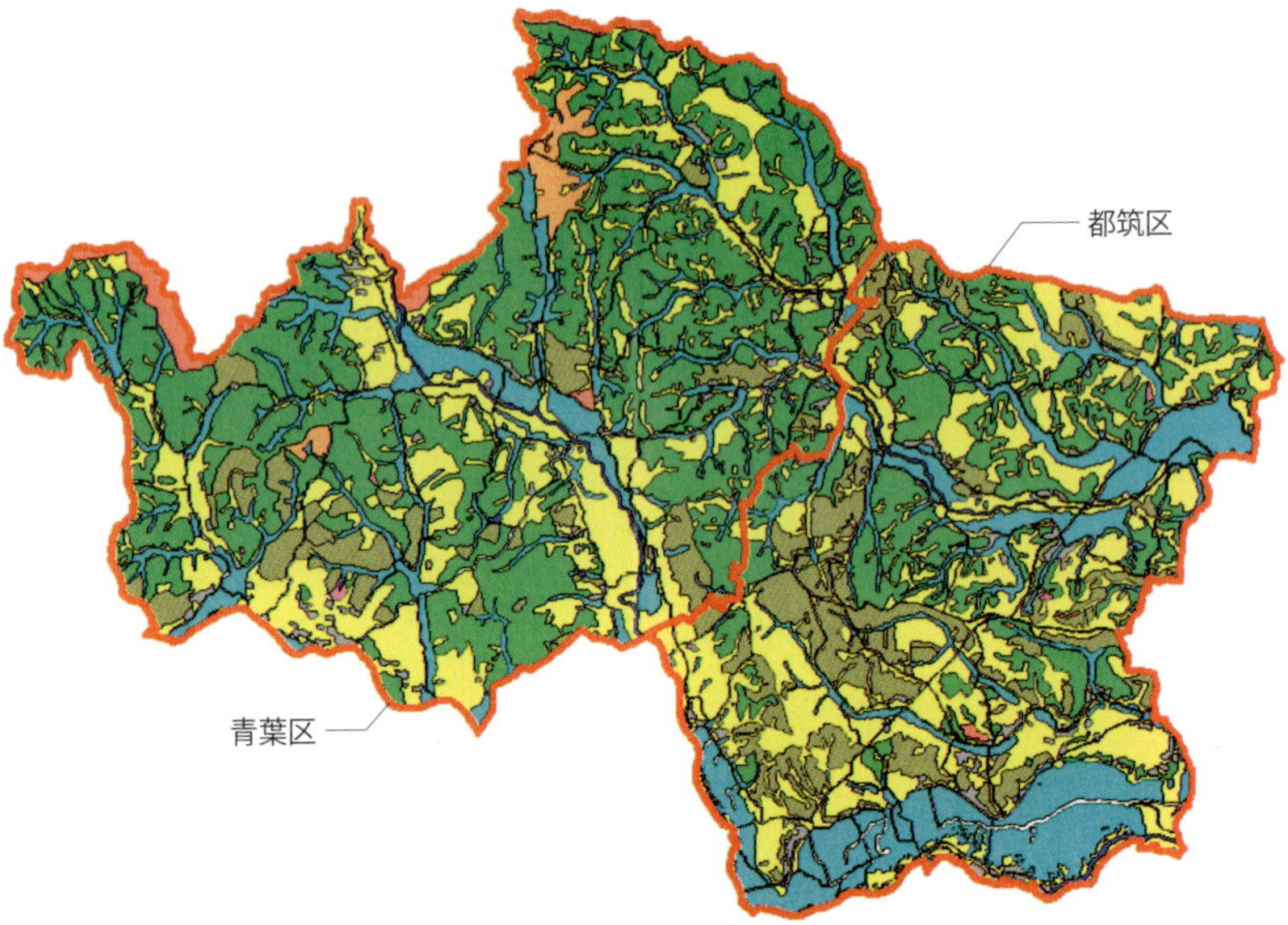

▲明治中期の植生図

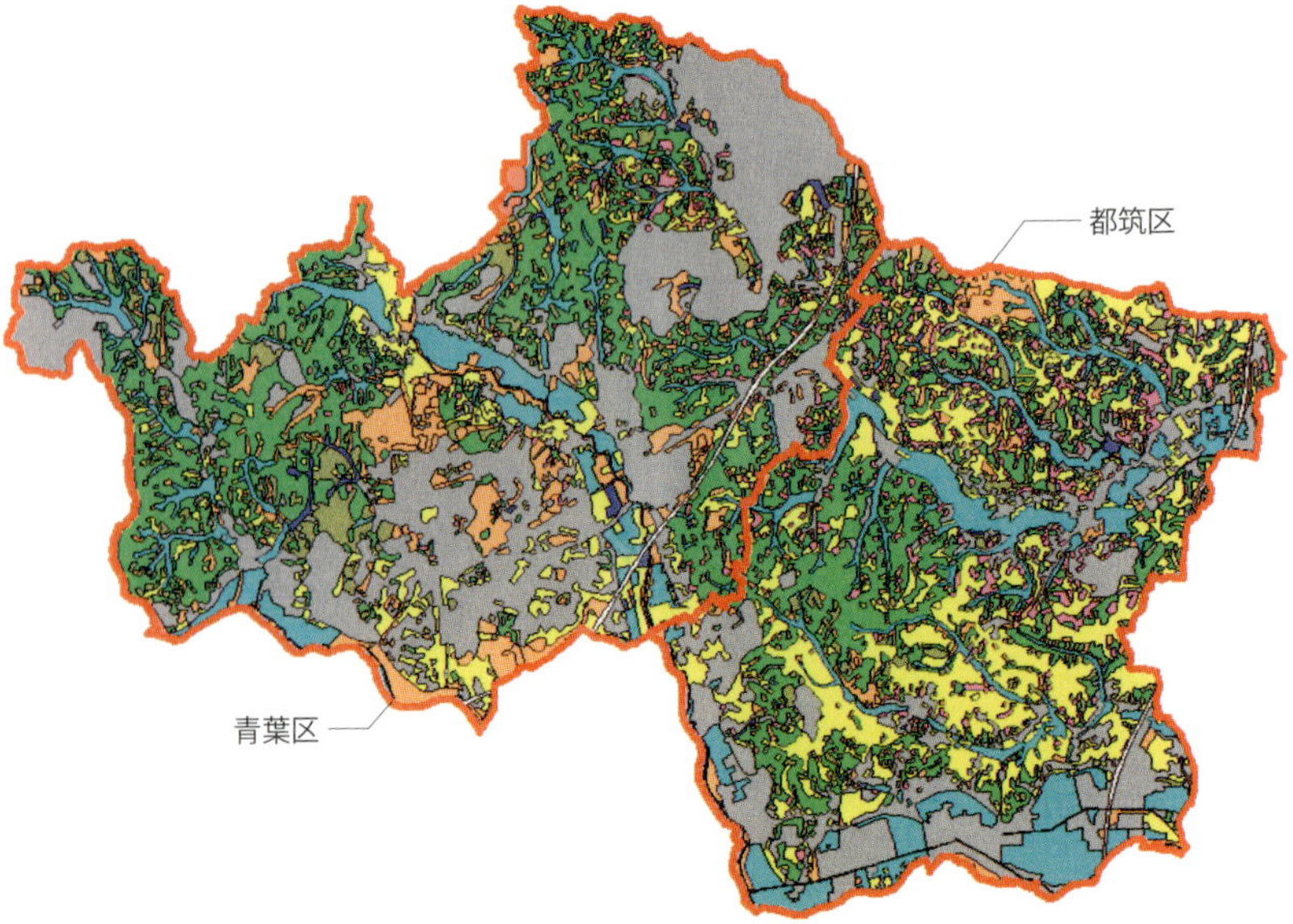

▲昭和後期の植生図

⑭ 植生図でみる横浜市青葉区・都筑区の植生の変遷（2）

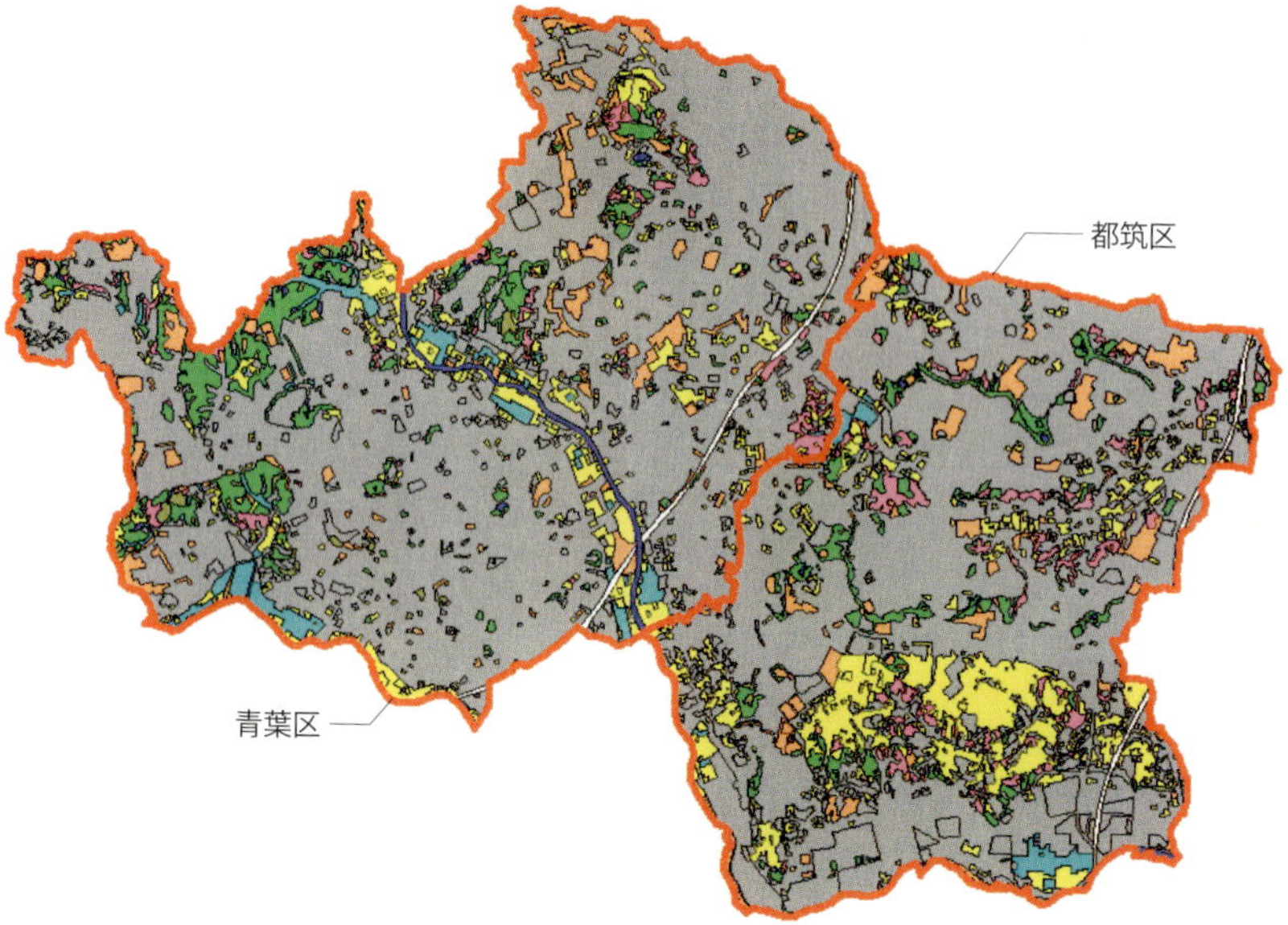

▲ 平成期の植生図

凡例
- 広葉樹林
- 針葉樹林
- 畑・果樹園
- 水田
- 草地
- 竹林
- 住宅地
- 水域
- 不明

明治中期・昭和後期・平成期の横浜市青葉区と都筑区の植生の変遷
（原田ほか 2012 より）

明治期の土地は青葉区・都筑区とも広葉樹林、畑・果樹園、水田として利用されている。両区の土地利用の違いは昭和後期まで見られるが、平成期には住宅地が広がり、両区に土地利用の差がなくなっている。広葉樹林の減少が著しい

⑮ 横浜市の地図と主な調査地点

国土地理院の電子地形図(タイル)に調査地点等を追記して掲載

まえがき

　著者の一人・原田が横浜に居住するようになってから半世紀の時間が経過した。この間に横浜の自然は大きく変わっていった。１８０万人であった人口は３７０万人へと増加したが、それと反比例するように60％ほどあった緑被率は今では30％となった。

　職場も横浜にあった関係上、同僚や学生と調査した横浜市内の土壌動物の資料が溜まってきた。それぞれの調査結果は、論文としてまとめてきたが、横浜市内に生息する土壌動物の目から横浜の自然をもう一度見直してみようとしてまとめたものが、本書である。

　この本は4章から構成されている。第1章の「ダンゴムシ」は、先崎と原田の共著である。横浜市立金沢動物園に勤務する先崎は、動物園の敷地内と隣接する能見堂緑地にハナダカダンゴムシが生息していることを以前より確認していた。両地域は今のところ横浜市内はもちろんのこと関東地方でも最もハナダカダンゴムシの生息密度が高い場所となっている。ここでの研究結果から得られた知見に三溪園での成果を加えてまとめるとともに、ダンゴムシの一般的特性について解説している。

　第2章の「大型土壌動物」を担当したのは大久保である。彼とはかつて冷温帯域での土壌動物による自然性の評価である「大久保・原田式」を共同で提案したことがある。それについては第4章でも触れている。現在は長野県内にある農業研究所にて、化学合成農薬や化学肥料を使わず、土壌動物をはじめとした生きものを活用する有機農業の研究に取り組んでいる。

第3章は「ササラダニ」についてである。ダニと聞くと、他の動物から血を吸うあのいやらしい動物を思い出すかもしれない。しかし、ここで紹介されているダニは人には害は与えずに、自然界にとっては重要なはたらきをしている善良なダニである。ササラダニと呼ばれている。このササラダニが環境の変化に敏感に反応している様子が語られている。著者の栗城は長い間、奥羽大学で教鞭をとってきたササラダニ研究のスペシャリストである。

第4章は「土壌動物による横浜の自然の評価」である。これはその場所の現在の環境状態が、健全環境からどのくらい隔たっているかを、土壌動物の群集組成から評価しようとするものである。健全環境をその土地の極相林に求めている。具体的には土壌動物に評点を与え、土壌動物群集の組成を点数評価し、その場所の自然性を評価しようとするものである。点数評価に実績がある原田が担当している。

原田は2年前に「土壌動物――その生態分布と多様性」（東海大学出版部）を、また栗城は3年前に「湿原に生息するササラダニ――魅力的な世界への誘い」（歴史春秋社）という本をそれぞれ刊行したが、今回はそれらよりもさらに一般向けという立場で執筆しようと心がけた。

この本によって一人でも多くの方に土の中の小さな生きものや都市の自然に興味をもっていただければ幸いである。

土の中の生きものからみた

横浜の自然

目次

●コラム

第1章　ダンゴムシ

1　横浜に棲んでいるダンゴムシの概略*

誰もが知っているダンゴムシではあるが、日本在来の種と外来種がいることはあまり知られていない。文明開化前の横浜には主に樹林地を中心に在来の種だけが棲んでいた。この在来のダンゴムシをコシビロダンゴムシ科（以下コシビロ）という。最近の研究では、関東地方には3種のコシビロがいることが判明している。

横浜では3種とも生息している。保土ケ谷《ほどがや》区の横浜国立大学構内の照葉樹環境保全林と英連邦戦死者墓地のスダジイ林、都筑区鴨池公園のコナラーアラカシ林の3か所では、セグロコシビロダンゴムシが見つかっている（Karasawa *et al.* 2014）。また、中区三溪園《さんけいえん》のものはトウキョウコシビロダンゴムシとタマコシビロダンゴムシ属の一種（先崎・原田 2016）で、後者はまだ正式な名前が付いていない。種の区別はとても難しく、専門家の出番を待つことになる。

---

* 原田（2016）に加筆、修正。

表1.1　横浜市内でコシビロの生息が確認されているところ

地　名	場　所	植　生	文　献
鶴見区	民家の裏山	スダジイ林	佐藤ほか 1996
都筑区荏田南	鴨池公園	コナラ―アラカシ林	芳村・原田 2009
緑区三保町	三保市民の森	スギ人工林	原田 未発表
保土ヶ谷区狩場町	英連邦戦死者墓地	スダジイ林	原田 1991a；栗田・原田 2011
保土ヶ谷区常盤台	横浜国立大学	常緑広葉樹環境保全林	栗田・原田 2011
同上	同上	スダジイ林	栗田・原田 2011
同上	同上	オオシマザクラ林*	栗田・原田 2011
中区本牧	三渓園	タブノキ林・常緑広葉樹林	先崎・原田 2016
同上	同上	常緑広葉樹を伴うクロマツ林	先崎・原田 2016
同上	同上	レンガ堆積地	先崎・原田 2016
同上	同上	タブノキ林伐採後の低木林	先崎・原田 2016
同上	同上	ムクノキ・ケヤキ林*	先崎・原田 2016
磯子区西町	根岸八幡宮	タブノキ林	原田 1991a
南区堀ノ内町	宝生寺	スダジイ林	原田 1991a
金沢区朝比奈	山林	落葉・常緑広葉樹混生林	先崎 未発表
泉区下飯田	屋敷林	スダジイ・シラカシ・ケヤキ林	原田 1991a

Karasawa *et al.* 2014により鴨池公園、英連邦戦死者墓地と横浜国立大学の個体はセグロコシビロダンゴムシに、三渓園の個体は唐沢氏によりトウキョウコシビロダンゴムシとタマコシビロダンゴムシ属の一種に同定されている。＊：落葉広葉樹林

(1) コシビロ

① 常緑広葉樹林がお好き　横浜では10地域16か所からコシビロが見つかっているが、そこの植生はほとんどが常緑広葉樹林（照葉樹林）である（**表1・1**）。落葉広葉樹林からはわずかに2か所で見つかっているにすぎない。横浜国立大学構内の照葉樹人工林は環境保全林の名で呼ばれている。1m未満のポット苗を植栽したところで、植栽30年後の時点で15mくらいの樹林に生長している。樹種はタブノキ、クスノキ、シラカシ、アラカシである（**写真1・1**）。ここにはコシビロが生息している。また、オカダンゴムシも共存している。林内ではコシビロが88％の割合を占めるのに、林外では13％

写真 1.1　セグロコシビロダンゴムシが生息している横浜国立大学構内の常緑広葉樹環境保全林

と少なくなっている。

②弱酸性の土壌を好む　横浜市保土ヶ谷区狩場《かりば》町に位置する英連邦戦死者墓地には、スダジイを主体とする常緑広葉樹林が広がっている。ここの東向き斜面の中央部を「林央」とし、上部に5mほど離れたところを「林内」、林の外を「林外」とし、調査区を設定した。「林外」にはスダジイの落葉が堆積している。各調査地に25㎝×25㎝の方形枠を5個ずつ設置し、枠内のダンゴムシだけを採取し、個体数を算定している。1991年当時はここのコシビロはトウキョウコシビロダンゴムシに同定されていた（原田 1991a）が、唐沢ほか（Karasawa *et al.* 2014）の研究によると、セグロコシビロダンゴムシであるという。

林央、林内、林外におけるコシビロとオカダンゴムシの㎡あたりの個体数と土壌酸性度（pH）を**表1・2**に示してある。ダンゴムシ全個体数に占め

表1.2　英連邦戦死者墓地におけるスダジイ林の林内と林外におけるダンゴムシの個体数および土壌酸性度(pH)（栗田・原田 未発表）

調査位置	オカダンゴムシ	コシビロ	コシビロの個体数割合(%)	土壌酸性度(pH)
林　央	12.8	185.6	93.5	5.7
林　内	163.2	176.0	51.9	6.1
林　外	480.0	99.2	17.1	7.1

オカダンゴムシとコシビロの個体数はm^2あたりの値

るコシビロの個体数割合は、林央で93・5％、林内で51・9％、林外では17・1％となっている。林央や林内では在来種が優勢で、林外では外来種のオカダンゴムシが優勢となっている。

土壌pHは林央で5・7、林内では6・1、林外では7・1となっている。コシビロが優勢なところでは土壌は弱酸性となっている。

横浜国立大学構内に造成された常緑広葉樹環境保全林でも林内は酸性土壌で、ここではコシビロが優勢であり、道路沿いの林縁部では弱アルカリ性土壌となり、オカダンゴムシが優勢となっている。粉塵化したセメント質の散乱により都市土壌はアルカリ性になっていることが多い。特に道路沿いにその傾向が強いようである。一方、森林土壌は弱酸性である。この土壌の酸性度が在来種のコシビロと外来種のオカダンゴムシの分布を左右しているようである。土壌の酸性度を調べてみると、林内ではpH5・7だが、林外ではpH7・3となっている。

③ダンゴムシを送り込む供給源　コシビロの生息が確認された落葉広葉樹林のひとつは横浜国立大学構内のオオシマザクラ林で、㎡あたりの個体数は8個体である。大学構内では環境保全林、オオシマザクラ林のほか、スダジイ林からも生息が確認されている。前2者の樹林は1976年

以降に造成された樹林で、1970年頃はゴルフ場だったところである。今までの研究からも落葉広葉樹林からはコシビロが見つかることはあまりない。横浜市内の50地点以上の落葉広葉樹林を調べてみても、コシビロが確認できたのはわずかに2か所にすぎないことから、落葉広葉樹林はコシビロにとって好ましい環境ではないといえる。

大学構内では大正時代から存続する最も自然性の高いスダジイ林に生息していた個体のいくつかが、新しく造成された照葉樹環境保全林へと移動したことが想像される。つまりスダジイ林がコシビロを送り込む供給源となったのであろう。2つの環境保全林の個体数は㎡あたり202個体、250個体ととても多いが、供給源のスダジイ林では42個体の密度にすぎない。オオシマザクラ林で見つかったのは、供給源から移動中の個体ではなかろうか。供給源から一目散に目的地へ移動するのではなく、あちこち寄り道をしながらよりよい環境をさがしているのであろう。その途上にオオシマザクラ林が存在し、そこで休憩しているところを採取されてしまった個体であろう。

なお、コシビロが確認されたもう1か所の落葉広葉樹林は三溪園のケヤキやイロハモミジが優占する自然林で、二次林としての落葉広葉樹林ではない。

④好きな葉っぱは？　コシビロが常緑広葉樹林に生息しているなら、これらの葉を好んで食べているのではないかと予想し、どんな葉を好んで食べるかという実験をしている。オオシマザクラとミズキの2種の落葉広葉と、シラカシとタブノキの常緑広葉を材料としている。これらの葉を滅菌乾燥させた後に、主脈を中心とし2㎝角の大きさに切り取った。これを湿った濾《ろ》紙を敷いたシャーレに設

置し、コシビロ（セグロ）を10個体入れ、暗所に置き、適度に濾紙の水分を保ちながら観察している（栗田・原田 2011）。

その結果、4日後にはミズキが、9日後にはオオシマザクラが完全に食べつくされた。常緑広葉2種は38日後の実験終了時にもシラカシは30％、タブノキの葉は80％ほど残存していた。嗜好性はミズキ→オオシマザクラ→シラカシ→タブノキの順となり、落葉広葉を選好している。何回繰り返しても落葉広葉を好んで食べている。

ではなぜ餌として好まない常緑広葉が優占している樹林に生息しているのかは今のところわからない。

⑤個体数密度　個体数密度の多寡を議論するには十分なデータがないが、今までの傾向をまとめてみる。密度が低いところは、根岸八幡宮、宝生寺《ほうしょうじ》、大学のスダジイ林、屋敷林など成熟した常緑広葉樹林とオオシマザクラ林などである。一方、密度が高いのは大学の環境保全林（栗田・原田 2011）、鴨池公園のコナラ―アラカシ林（芳村・原田 2009）などの遷移途上にある未成熟林である。英連邦戦死者墓地のスダジイ林はそれらの中間の値を占めている。三溪園でもタブノキ林では少なく、タブノキを伐採した後の低木林や常緑広葉樹を伴うクロマツ林などでは高い密度を形成している（先崎・原田 2016）。

(2) オカダンゴムシ

では道端や空き地でよく目にするダンゴムシは何なのかということになる。これは外来種のオカダンゴムシ（以下オカ）である。子供たちの手の上で丸くなっているのはほぼすべてがこのオカで、人目につきやすいさまざまな環境に棲んでいる。

オカは明治期に船に乗って横浜港にやってきた。横浜で農作物の害虫として見つかったのが最初なので、横浜に上陸したと考えてもよかろう。上陸と同時にあちこちへと分布を広げていった。

オカの故郷は、地中海沿岸の乾燥したところで、植物が生長する夏に雨が少ない地方である。樹林といってもオリーブ、ゲッケイジュ、コルクガシなどが生えている明るい林である。乾燥した場所から湿潤な日本に来たわけである。日本の湿気はたまらなかったことだろう。横浜でも比較的に明るく、乾いたところを好んだことと思われる。

当時の横浜は落葉広葉樹の雑木林や常緑広葉樹林が広がっていた。オカは勇気をもって、この樹林地にも進出し、林の中を通り過ぎ、林の向こう側に広がる畑や草地のような開放地に分布を広げていった。その結果、今日のように日本全域に分布するようになった。思い切って林の中に入って行ったことが分布を拡大した原因だろう。

オカだって林の中が特に好きというわけではない。大池こども自然公園のコナラ林で調べてみると、林央や林内には生息していない。林縁のアズマネザサの草地、側溝をはさんだ林外へと連続的に調査すると、だんだんと個体数は増えている。林縁では16個体、さらに林外では276個体となっている。土壌pH は林央から順に6・0、6・5、6・7、7・4と変化している。側溝に接したアスファルトの林外は弱アルカリ性となっていて、ここに多くの個体がいる。酸性土壌より故郷の土壌に近い弱アルカリ性の土壌のほうを好むのも理解できる気がする。

ちなみにオカの故郷のヨーロッパではアルカリ性土壌が広く分布している。はるばる海を渡ってきたオカは、森林の酸性土壌にも我慢して侵出したが、どちらかというと故郷と同じアルカリ性土壌のほうが好きなようである。

ダンゴムシの餌としては人気のないタブノキの葉ではあるが、果実となると話は別である。成熟して落下した果実にダンゴムシが喰らいつき、果肉には食痕もあり、部分的には中の種子が露出している果実もあるという(原田・矢ケ崎2016)。熱帯アメリカ原産のアボカドという果物がある。スーパーにもよく並んでいる。ワニの背中の皮に似ていて、洋梨形をしているところから「ワニナシ」の和名がある。このアボカドという植物とタブノキとは近縁で、アボカド属としてひとつにまとめられることもある。そんなタブノキであるから、脂肪が多く、カロリーに富んでいるその果実は、鳥ばかりではなく、ダンゴムシにも貴重な餌資源となっている。

(3) ハナダカダンゴムシ

① 森林よりも明るいところが好き

オカとほぼ同時期に日本に渡ってきた外来のダンゴムシがもう1種類いる。ハナダカダンゴムシ(以下ハナダカ)といい、オカと同じ仲間である(**写真1・2**)。これの故郷も地中海地方である。こちらはオカと違って日本の樹林の中に入るのを嫌がった。湿潤な森林の中へ入るなどといった勇気は持ち合わせていなかったわけである。

ハナダカの横浜での分布は、金沢区の自然公園内の雑草地、ススキ草地、ツツジの植え込み、立

写真 1.2 集団で越冬しているハナダカ

木本数が著しく少ない疎林などである（先崎ほか2015a）。同じ金沢区の能見堂緑地では、サクラやタニウツギ属などの落葉広葉樹林や落葉低木林で林床が明るい場所である。そこにはイネ科植物が生育している（先崎ほか2015b）。樹木の葉より草本植物の葉を好んで食べているのかもしれない。

こんな具合なのでハナダカは、常緑広葉樹林や落葉広葉樹林の林床が暗くなるような場所には進出できず、生息地が日当たりのよい明るい環境の場所に限定されたため、分布を拡大することができなかったようである。今のところ横浜では金沢区の2か所と、中区の三溪園だけから発見されている。

三溪園でも明るい場所を好んでいるようである。2000年ごろにここの調査をした人によると、正門前の石垣のすき間にハナダカが沢山いたとのことである（渡辺2001）。やがて石垣の上を覆うタブノキやシロダモなどの常緑広葉樹が繁茂し、日

写真 1.3　かつてハナダカが生息していた三溪園前の石垣

写真 1.4　2012 年の調査ではハナダカの個体数が多かった三溪園入口付近のチカラシバ群落地

写真1.5　アズマネザサが繁茂したかつてのチカラシバ群落地

当たりが悪くなったのが原因であろう（**写真1・3**）。

２０１２年の調査では1匹も見つけることはできなかった。その代わり、正門付近のチカラシバを主体とする雑草群落地で30個体ほど確認できている（**写真1・4**）。それからさらに3年後に同じ場所を3回調べたが、毎回1～2個体を見つけるだけであった。多くの個体はどこか別の場所に移動したようである。ここの環境が大きく変化したのが原因であろう。それは3年前の２０１２年にはわずかしか生育していなかったアズマネザサが密生するようになり、ササ下の地表面の照度が３０００ルクスに満たない明るさになったことである（**写真1・5**）。ハナダカの生息環境としては暗くなりすぎ、どこかに移動したと思われるが、移動先は見つかっていない（先崎・原田２０１６）。

②　カルシウム量との関係はこれからの課題　ハナダカが人手の加わった人為的な環境を好んで分布し

ているのは、森林内ではダンゴムシが利用できるカルシウム量が不足しているからかもしれない。いくつかの調査地では林外でオカ、林内でコシビロの個体数が多く、土壌pHの違いが指摘されている。林外はアスファルトやコンクリートに由来する粉塵の影響でアルカリ性土壌を形成すると同時にカルシウムを供給してくれる。オカやハナダカのような外来種はコシビロのような在来種よりカルシウムを必要とするため、林外へ進出したとも考えられるが、そのような研究は知らないので今のところ不明である。

③限られた分布地　ハナダカの分布地は横浜では3か所だが、日本全体でも滋賀県、富山県、栃木県、群馬県のそれぞれ1か所から見つかっているにすぎない。神戸では広く分布しているようだ。ハナダカが分布していた空き地に置いてあった木材や建設資材が、震災復興の際に移動したときに、その資材に付着して分布を拡大したことなど、何か大きな人為がはたらいた結果ではないかと想像している。

(4) コシビロ、オカ、ハナダカ3種の混生地の特性

横浜市近辺の川崎市多摩区の菅北浦《すげきたうら》緑地（**写真1・6**）は、JR南武線の稲田堤駅から徒歩10分のところにある。多摩川の河岸段丘上に位置する緑地である。この一画にコシビロ、オカ、ハナダカの3種のダンゴムシが共生している場所がある。

ここには江戸時代まではコシビロだけしか生息していなかったが、明治時代になり急速に分布を広げたオカが侵入してきて、コシビロとオカの2種の混生状況がしばらく続いた。

写真 1.6　3種混生地の川崎菅北浦緑地

その後、樹林の下方に位置している墓地か混生地域の林内にある稲荷神社の建設や修繕のため運ばれてきた資材にくっついていたハナダカが生息するようになり、3種の混生地となった。

今までの研究成果(先崎ほか2015a、2015b、先崎・原田2016)からハナダカは人の手が加わっていない森林では生息できないので、侵入してきても生息域を拡大できない。適度に樹林が間伐されたり、下草が刈られたりして人手が入るとハナダカも生息可能な環境となる。2013年の調査時には低木や下草がなく、結果として林床の明るさが確保されてハナダカの生息環境が保たれていたことになる。これ以上人手が加わると、今度はコシビロが生息できなくなる。3種混生地はハナダカとコシビロの生息環境の許容範囲の境界のところである。ハナダカには林床が暗くなりすぎず、コシビロには明るくなりすぎないギリギリのところであろう。

3種のダンゴムシの理論的な生息地は**図1・1**のように

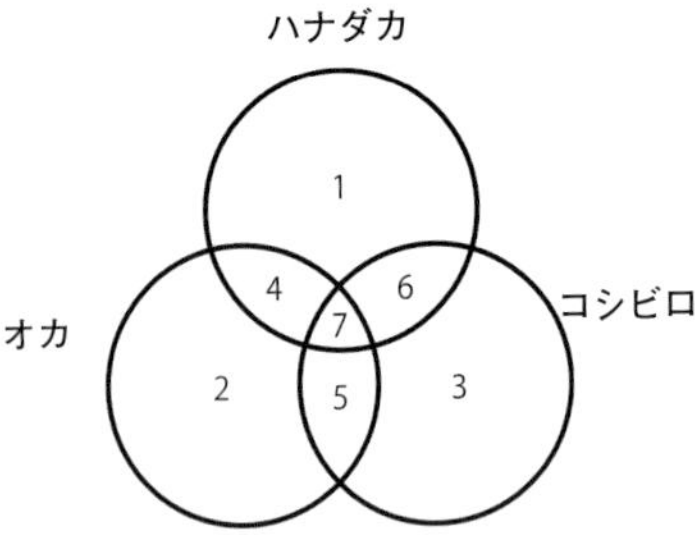

図 1.1　コシビロ、オカ、ハナダカの 3 種のダンゴムシの分布状況

1～7の7つの生息地区分ができるが、このうち、1のハナダカ単独地、6のハナダカ＋コシビロ混生地は今までどこにも見つかっていない。

2のオカ単独地は金沢自然公園（先崎ほか 2015a）や市内での多くの例（原田 1991a）、3は三溪園のケヤキ林（先崎・原田 2016）、4は金沢自然公園、5は三溪園（先崎・原田 2016）、横浜国立大学（栗田・原田 2011）などがある。7の3種混生地は今のところ川崎市菅北浦緑地だけである。

(5) 雨水を避けて木に登る

横浜国立大学構内の環境保全林では梅雨や夏季の雨降りのときに風変わりな光景を目にすることがある。この樹林の林床には、タブノキなどの落下した枝が積もっている。この落枝にダンゴムシが鈴なりに付いているのである。長さ50cmくらいの枝に30個体以上くっついていることもあり、あたかも集団で雨宿りをしているようにみえる。

大雨のときに地表にいては、気管が雨水で塞がれてしまう恐れがある。水に浸らないように少しでも地表から離れた高いところに避難しているのであろう。中には樹の幹に登っている個体もある。直径が10cm以上もある幹の地上1～2mの高さのところに避難している。

葉が受けた雨水は小枝、大枝と伝わって幹を流れ下ってくる。この水流を樹幹流という。極端に雨

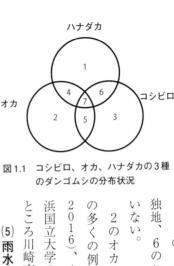

量が多くない限りは、幹全体ではなく、流れる部分が決まっていて片側だけである。ダンゴムシは樹幹流を避けて避難しているようである。

降雨の翌日には幹に留まっている個体はわずかになり、2日後には幹に登っている個体はいない。落枝や幹に登るのは降雨時の避難行動といえるだろう。横浜市立金沢自然公園の疎林地でもクヌギの樹幹にハナダカが木登りしているのを観察したことがある。ダンゴムシ一般にみられる行動のようである。

(6) 似たものと似て非なるもの

① ダンゴムシの区別　3種のダンゴムシの見分け方であるが、背中側の最下方にある腹尾節に注目すると簡単に区別ができる。**口絵①上**は左にオカ、中央にハナダカ、右にコシビロの腹尾節を写している。すぐに区別できるだろう。**口絵①左**には左にハナダカ、右にオカの全形が写されている。触角の間に盾形の突起があるので、「鼻高」という名前の由来になっている。

その他にもコシビロとオカは手で触れると丸くなるが、ハナダカはお尻の部分が突出して完全な球形にはならない。ハナダカは他の2種より動きがすばやいという特徴もある。

今のところダンゴムシでは、外来種が在来種を駆逐するような現象は知られていない。生息場所を変えて共存する形をとっているようである。ダンゴムシを目にする機会はしばしばあるので、腹尾節の格好に注意してみてほしい。

② 似てはいるが　ダンゴムシは手でつまんだりすると、体を腹側に曲げて、丸く球形になる。この

写真1.7　丸くなる生きものたちの大きさ比べ
左からオカ、ハナダカ、コシビロ、ハマダンゴムシ、タマヤスデ

ような現象は球体化反応と呼ばれている。外敵からの防御や体表からの水分の蒸散を制御しているのではないかといわれている。

球体化反応はダンゴムシのほかにもヤスデのタマヤスデ、ササラダニのイレコダニの仲間、昆虫のタマキノコムシなどで知られている（青木１９７３）。

ダンゴムシによく似ているのは、ハマダンゴムシとタマヤスデである（**写真1・7、1・8**）。ハマダンゴムシはダンゴムシの仲間で、小指の爪くらいの大きさがある。海岸砂地に生息しているのでダンゴムシと間違うことはない。タマヤスデは体を伸ばして歩いているときは、体の前方のほうが幅広く厚みがあるので分かりやすい。一番

写真1.8　熱帯にいる巨大なタマヤスデ（ボルネオ産）

の違いは歩脚の数で、ダンゴムシが7対であるのに対し、タマヤスデは17対か19対もある。

2　ハナダカとオカが分布する金沢自然公園

(1) 横浜市立金沢自然公園

ハナダカの生息地のひとつに横浜市立金沢自然公園(以下金沢自然公園)がある。ここは1970年代に山林や耕作地を造成して造られた自然公園で、動物園のある「動物区」と公園やハイキングコースを含む「植物区」からなる約58ヘクタールの自然公園である。鎌倉や三浦半島に隣接し、横浜市最大の緑地となっている。金沢自然公園には人の手が加わった草地や植栽地から遷移の進んだ常緑広葉樹林までさまざまな植生が存在している。

(2) ハナダカの発見

ダンゴムシといえば外来種のオカであることが普通であり、金沢自然公園においても一般的にみられるのはオカで、コシビロは確認されていない。しかし、ここにはコシビロよりも知名度の低いハナダカが生息している。

金沢自然公園でハナダカを確認したのは2012年6月で、園内の北側に位置する剪定した枝の集積地である。アスファルトで舗装された道路沿いにある丸太をひっくり返すと、たくさんのオカに紛れて数匹のハナダカがいた。しかし、探し始めると園内のどこにでもいるというわけではなく、いる場所といない場所がある。オカに交じって所々で出現するといった具合である。

国内において最初にハナダカが記録されたのは1943年で、「欧州各地に分布し、本州に於いては山地には分布せず、横浜の如き開港地に多く見受けられる」と記述されている（岩本 1943）。このように横浜に縁のあるダンゴムシである。

(3) 調査方法と調査地

ダンゴムシの調査といっても、調査の目的によってその方法は異なる。ここでは、著者らが各調査地において単位面積あたりの生息密度を知るために採用している枠法について紹介する。これは一言でいえば決まった量の落ち葉や土を採集し、そこに何匹のダンゴムシがいるのかを調べる方法である。

調査目的に応じた調査地を設定して、試料採取を行うが、試料採取は周辺からの影響を受けにくい安定した場所であることが望ましい。例えば樹林地で調査する場合は、植生の中央部で、立木の根元や倒木を避け、できるだけ平らで、落葉が均一に堆積している場所といった具合である。

試料採取には25㎝×25㎝の枠を用いる。調査地に5つの方形枠を設置し、各方形枠内の有機物層とその下5㎝までの土壌を採取し、それぞれを土嚢袋に入れて1試料とする。土壌試料は明るい平坦な場所で白いビニールシートを敷き、少量ずつ6㎜の金網メッシュのふるいにかけ、落下したダンゴムシを採集する（**口絵④**）。得られたダンゴムシは75％のエチルアルコール溶液入りのビンに保存し、後に肉眼または双眼実体顕微鏡を使って同定（何という種類かを決める）を行う。

それぞれの枠から出現したダンゴムシの個体数を平均し、㎡あたりの個体数を算出する。

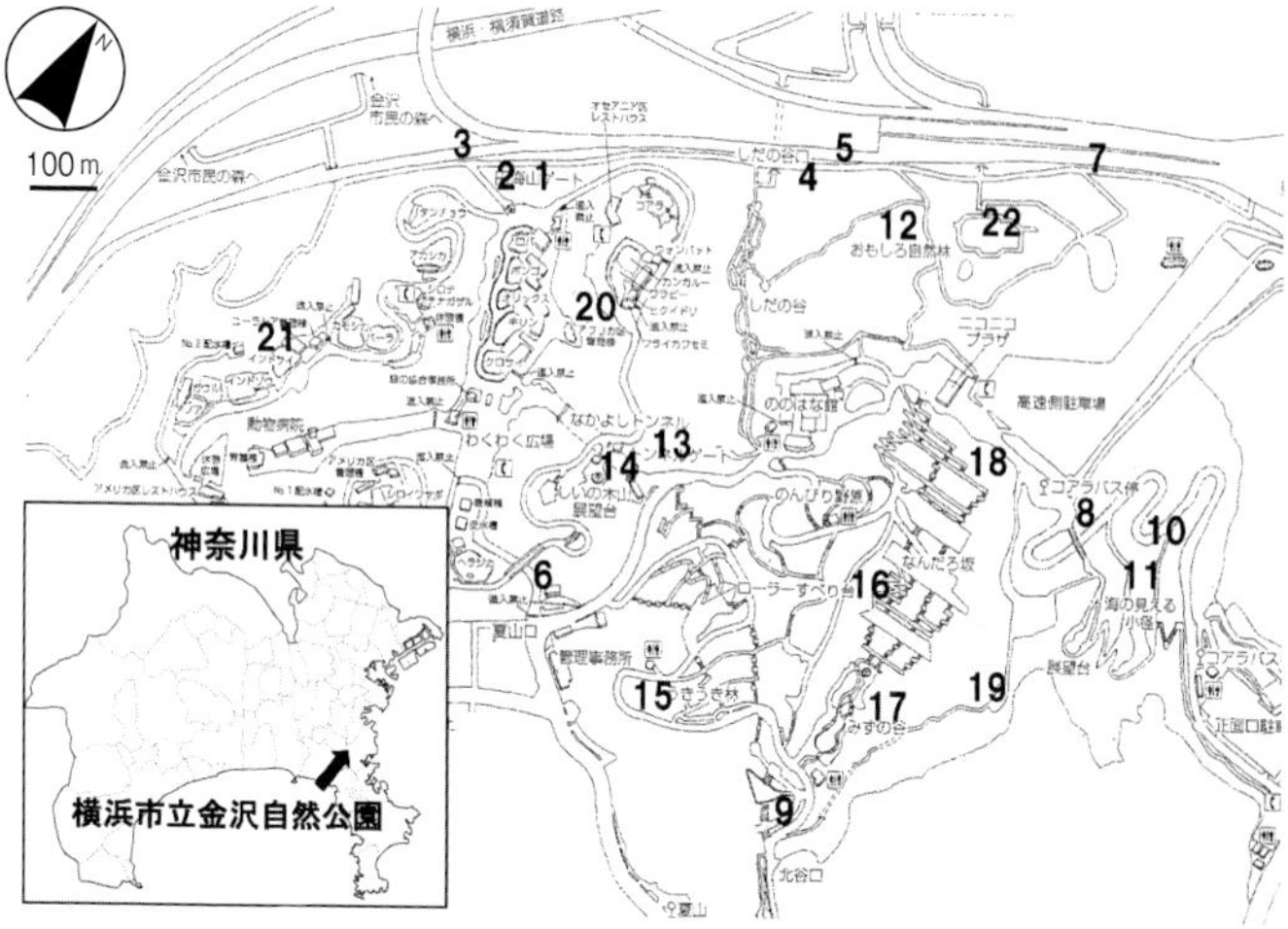

図 1.2　金沢自然公園の調査地（先崎ほか 2015a）

表 1.3　金沢自然公園の調査地と主に見られる植物

調査地	植生区分	主に見られる植物
1	疎林	クヌギ、スダジイ、ススキ
2	疎林	クヌギ、スダジイ、セイタカアワダチソウ
3	草地	チカラシバ、セイタカアワダチソウ
4	草地	オヒシバ、エノコログサ
5	草地	ススキ、セイタカアワダチソウ、ハギ
6	植え込み	ツツジ
7	草地	チガヤ
8	植え込み	ツツジ
9	植え込み	ツツジ
10	植え込み	ツツジ、アセビ
11	落葉広葉樹林	コナラ、ミズキ、サクラ
12	落葉広葉樹林	ヤマザクラ、コナラ、アオキ
13	常緑広葉樹林	タブノキ、シラカシ
14	常緑広葉樹林	タブノキ、シラカシ
15	ウメ植栽地	ウメ
16	常緑広葉樹林	アラカシ、アカガシ、クマザサ
17	常緑広葉樹林	スダジイ
18	ヒノキ人工林	ヒノキ
19	常緑・落葉広葉樹の混生林	スダジイ、クヌギ、ミズキ
20	常緑広葉樹林	スダジイ、ヤマモモ
21	常緑広葉樹林	スダジイ
22	常緑広葉樹林	コナラ、エノキ、チヂミザサ

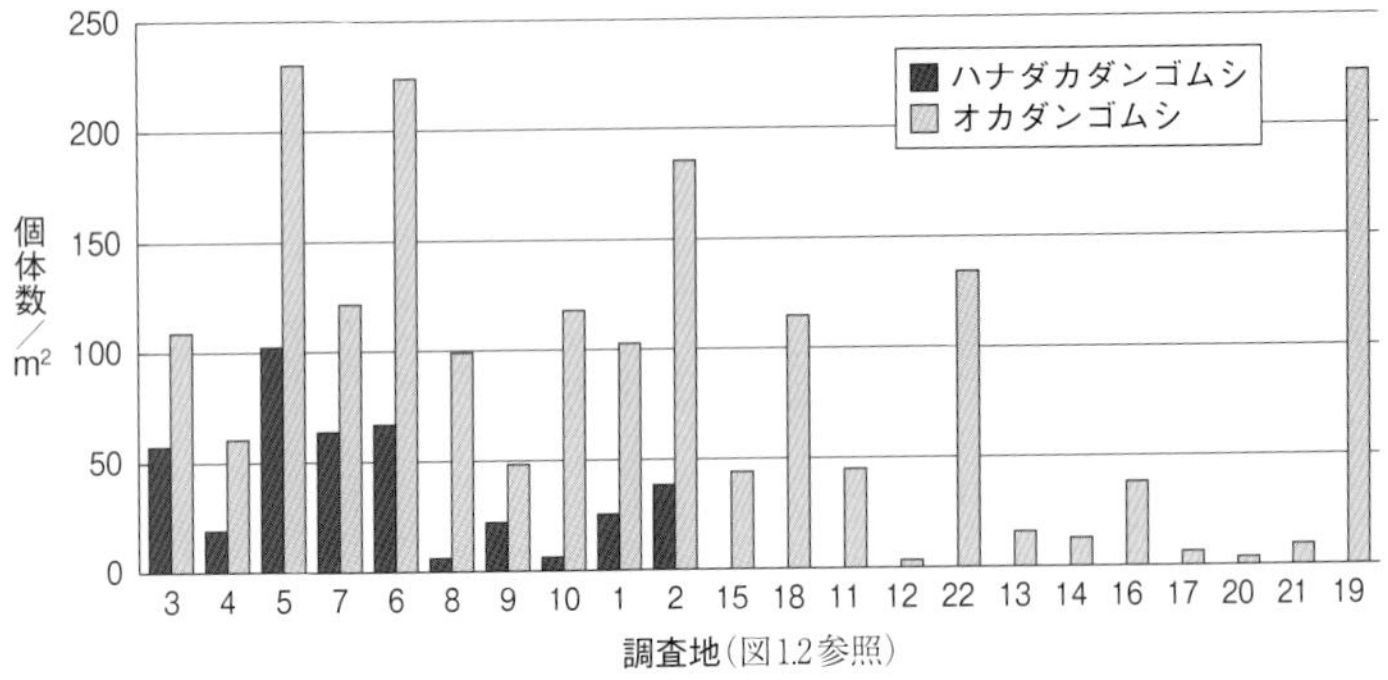

図1.3　金沢自然公園の平方メートルあたりのハナダカとオカの個体数
（先崎ほか 2015a）

調査は２０１３年6月から10月に実施している。自然公園内の植え込み、草地、疎林、ウメ植栽地、ヒノキ人工林、落葉広葉樹林、常緑広葉樹林など、さまざまな植生から22地点を選定し調査地としている（**表1・3、図1・2**）。

(4) ダンゴムシの分布

これまで、国内のハナダカの生態についてはほとんど調査が行われていない。そこで、金沢自然公園のハナダカを材料に、一般的によくみられるオカと比較することでハナダカの生態を解明することとする。

調査地22地点のうち、10地点からハナダカが採取されている（**図1・3**）。ハナダカが出現した植生は草地や植え込み、疎林などである。特にセイタカアワダチソウやススキ、チカラシバ、チガヤ、ハギの生育する草地とツツジの植え込み（**写真1・9**①と②）では、㎡あたり58～１０２個体と多くの個体が出現している。明るく開けた場所を選好しているといえる。

一方、ウメ植栽地やヒノキ人工林、落葉広葉樹林、常緑

写真 1.9　金沢自然公園の調査地(図 1.2 参照)
①ハナダカがいる草地(調査地 3)、②ハナダカが生息している植え込み(調査地 6)、③落葉広葉樹林(調査地 22)や、④常緑広葉樹林(調査地 21)からはハナダカは見つかっていない

広葉樹林、常緑・落葉広葉樹の混生林などの林床が暗い場所からはハナダカは1個体も採取されていない(**写真1・9**③と④)。

オカは22地点全てから採取されている(**図1・3**)。さまざまな植生下に分布しているといえる。特に個体数が多いところは、ススキやセイタカアワダチソウ、ハギの生育する草地とツツジの植え込み、クヌギの疎林、スダジイやクヌギ、ミズキからなる常緑・落葉広葉樹の混生林の4地点で、㎡あたり186～230個体が出現している。草地や植え込みで多くの個体が出現することはハナダカと共通するが、オカはハナダカが出現しない樹林環境からも多くの個体が確認されている。

逆にオカの個体数が少なかったのはヤマザクラ、コナラなどの落葉広葉樹林とスダジイやヤマモモの常緑広葉樹林で、㎡あたり3～10個体にすぎない。オカはほとんどの植生地に分布し、金沢自然公園全域に生息しているといえる。しかし、同じ植生でも場所によって個体数には差が見られる。

⑸ 分布の要因

オカが草地から森林まで幅広い環境に分布しているのに対し、ハナダカは草地や植え込みなどの限られた環境に生息していることが明らかとなった。つまり、ハナダカは人為的な影響を受けた明るい環境下に生息しているといえる。

ハナダカが林内に進入・定着できないとなると、森林の存在はハナダカの分布拡大に大きな障害となる。外来ダンゴムシの存在が確認された明治中期の横浜は広く広葉樹林やマツ林に覆われていた（原田ほか２０１２）。ハナダカが限られた草地に留まる一方で、同じ外来種のオカは森林内にも進出できたので、自動・他動を問わずに広葉樹林やマツ林を通過して分布を広げていったことが予想される。

その結果、オカとハナダカの分布拡大に差が生じ、オカは明治期から分布を拡大することができたので、今では極めて広範囲に分布するようになった。これに対しハナダカは、地域開発が進み森林が減少するようになってから分布を拡大しはじめたので、生息地が比較的限られていると考えられる。森林への侵入・定着がこの2種の分布拡大に大きな影響を及ぼしたことがうかがえる。

ハナダカがいつごろ金沢自然公園に侵入したかは不明だが、金沢自然公園が１９７０年代に造成され、それ以前は主に森林であったことから、当地への侵入時期は早くても1970年代以降と考えられる。

現在、ハナダカは金沢自然公園北部に位置する横浜横須賀道路の南側の側道と、側道に続く道路脇の草地や植え込みに連続して生息している。側道やそれに続く道路はハイキングコースの一部となっており、定期的に草刈りが行われるため草地の状態が維持され、ハナダカの生息に適した環境となっているのだろう。これらの連続した草地ではハナダカは自ら分布を拡大していると考えられる。

しかし、金沢自然公園の南側に位置する北谷口や夏山口付近には、北側の生息地とは連続しない局所的な分布もみられる。北側の生息地と南側の生息地の間は常緑・落葉広葉樹の混生林となっており、ハナダカが自ら移動するのは困難である。局所的な生息場所の近くには落ち葉の集積場所があることや、ハナダカがみられる範囲が徐々に広がっていることから、公園内の管理作業等の人為的な影響でハナダカの分布が拡大している。

金沢自然公園内で最初にハナダカが発見されたのは剪定枝の集積地であるが、今ではヤブガラシやヤエムグラなどの植物に覆われている。草や枝をかき分けてみてもオカしか見つからずハナダカは確認できない。植生の変化に応じて分布が変わっているようである。

3　金沢区能見堂緑地のハナダカ

(1) 能見堂《のうけんどう》緑地

金沢自然公園に隣接する緑地のひとつに能見堂緑地があり、ここにもハナダカが生息している。能見堂緑地は、金沢文庫駅から鎌倉へと続く六国峠《ろっこく》ハイキングコースの一部となっており、金沢自然公園や釜利谷《かまりや》市民の森と接続している。能見堂緑地のハイキングコースは主に尾根道で、尾根部は常緑広葉樹や落葉広葉樹からなる樹林地でところどころに広場が設けられている。樹林の外側は住宅地となっており、南東から北西に伸びる細長い緑地である。

能見堂緑地ではハイキングコース沿いのサクラやコナラなどの疎林やタニウツギ属の低木林を中心に、直線距離で70m程の範囲でハナダカの密度が高い。

(2) 明るい場所を好むハナダカ

金沢自然公園では、ハナダカは落葉広葉樹林や常緑広葉樹林などの森林環境は好まず、人為的な影響を受けている日当たりのよい草地や植え込み、疎林などの植生を選好していることが示唆されている。そこで、能見堂緑地では落葉広葉低木林とその周辺部に分布する常緑広葉樹林を対象に、林内に差し込む日当たりの程度がハナダカの分布に与える影響を調査するため、林内照度に着目して2014年5月と2015年4月から5月にかけて調査を実施している（**写真1・10**）。

調査場所は、能見堂緑地の一画で、傾斜角20度くらいの南向きの斜面の上部から中部に位置してい

写真1.10 能見堂緑地の調査地(表1.4参照)
①ハナダカの個体数が多い疎林(調査地2)、②ハナダカの個体数が多い低木林(調査地3)、③ハナダカの個体数が少ない高木林(調査地5)、④1個体もいない高木林(調査地9)

る。幅2mくらいの遊歩道があり、それを横切るように10地点を選定している。調査地1、2、3、4は遊歩道より上部に位置する落葉広葉樹の低木林または疎林で、常緑広葉樹の植被率は20%以下である。調査地5、6、7、8、9は遊歩道の下部に位置する高木林で、調査地5以外は常緑広葉樹の植被率が70%以上の常緑広葉樹林である。調査地10は遊歩道の上部に位置しているが、常緑広葉樹の植被率が１００%の樹林である。いずれも2~3層群落となっている(**表1・4**)。

個体数調査は、金沢自然公園での調査と同様に25cm×25cmの方形枠を用いた枠法で行っている。照度調査は各調査地の3m×5mの範囲の地表面から50cmの高さに照度計を設置し、5回測定して、平均値と標準偏差を算出している。

表1.4　能見堂緑地の調査地と主に見られる植物

調査地番号	植生区分	常緑樹植被率（%）	林床植被率（%）	主に見られる植物
1	疎　林	20	60	サクラ属、コナラ、エノキ、タブノキ、ススキ、ハギ、ヘクソカズラ、クズ
2	疎　林	0	70	サクラ属、タニウツギ属、ススキ、ハギ属、ヌスビトハギ
3	低木林	0	40	タニウツギ属、ススキ、ヘクソカズラ、クズ、ヨモギ
4	疎　林	10	80	サクラ属、クスノキ、ニシキギ、ススキ、ヌスビトハギ、ヘクソカズラ
5	高木林	40	40	コナラ、クヌギ、サクラ属、タブノキ、ススキ、ドクダミ、チヂミザサ
6	高木林	80	5	シラカシ、タブノキ、クスノキ、クヌギ、キヅタ、テイカカズラ、アオキ
7	高木林	70	40	ケヤキ、クスノキ、シラカシ、タブノキ、ススキ、キヅタ
8	高木林	90	3	シラカシ、タブノキ、コナラ、カクレミノ、ヤブツバキ、アオキ、ヒサカキ
9	高木林	90	3	クスノキ、タブノキ、マテバシイ、キヅタ、テイカカズラ
10	高木林	100	3	シラカシ、タブノキ、スダジイ、クスノキ、テイカカズラ、アオキ

調査の結果、遊歩道より上部に位置するサクラ属、コナラ、タニウツギ属などの落葉低木が優占する調査地1〜4では、㎡あたり約70〜400個体のハナダカが出現している（**図1・4**）。調査地1〜4は疎林または低木林（**写真1・10**）で、林内照度が10000ルクス以上（**図1・5**）と日当たりが良く、林床にはススキやヌスビトハギのような陽性植物が生育している。林床植被率は40〜80%となっている。

一方、遊歩道より下部に位置する調査地では、調査地5で㎡あたり26個体のハナダカが出現したが、それ以外の調査地では0〜3個体となっている（**図1・4**）。

調査地5はコナラやクヌギ、サクラ

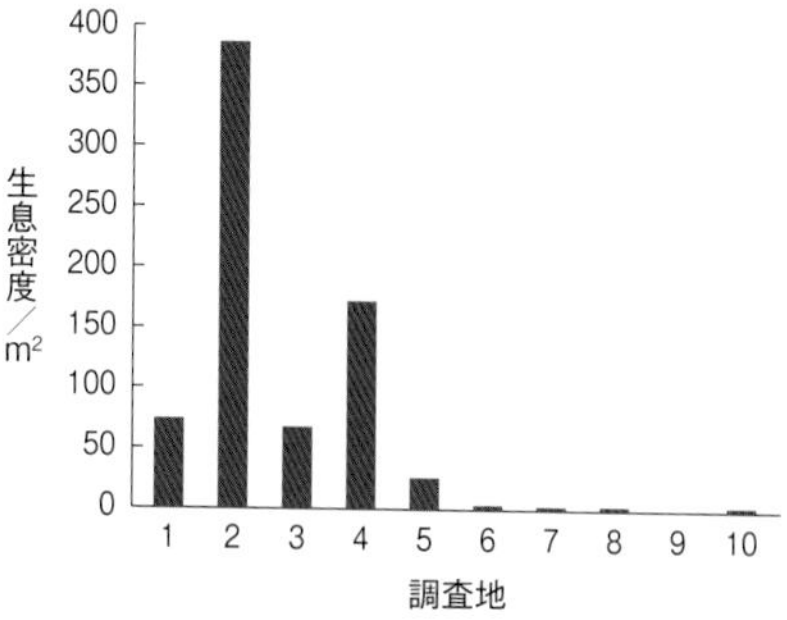

図 1.4　能見堂緑地のハナダカの生息密度
（先崎ほか 2015b）

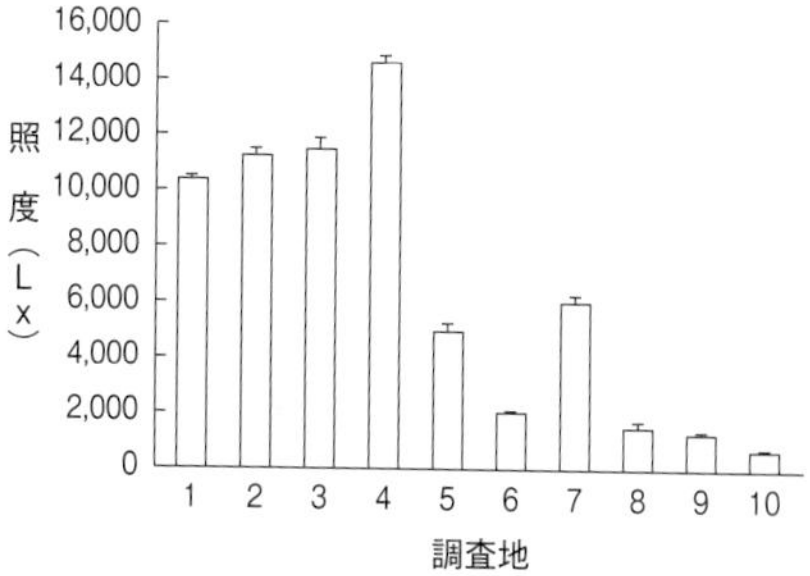

図 1.5　能見堂緑地の各調査地における照度
（先崎ほか 2015b）

属、タブノキからなる高木林で、常緑樹植被率が40％、林床植被率が40％である。林内照度は4930ルクスで、林床にはススキやドクダミ、チヂミザサが生育している。調査地5と比較的似た環境は調査地7にみられるが、調査地7では㎡あたり3個体のハナダカが出現したのみである。調査地7はケヤキやクスノキ、シラカシ、タブノキからなる高木林で、常緑樹植被率が70％、林床植被率が40％となっている。林内照度は5984ルクスで、林床にはススキやキヅタが生育している。調査地5に比べて常緑樹植被率が高い調査地7ではハナダカの個体数が極めて少ない結果となっている。

調査地6、8、9はシラカシ、タブノキ、クスノキなどからなる高木林（**写真1・10**）で、常緑樹植被率が70〜90％、林床植被率は3〜5％、林内照度は2000ルクス以下（**図1・5**）となっている。林床にはキヅタやテイカカズラ、アオキがみられる程度で、㎡あたりのハナダカの個体数は3個体以下である。

調査地10は遊歩道より上部に位置しているが、シラカシ、タブノキ、スダジイ、クスノキからなる常緑樹植被率が１００％の高木林で、林床植被率が３％、林内照度は７２１ルクス、林床にはテイカカズラやアオキがみられる程度である。ハナダカの個体数は３個体で、遊歩道より下部の樹林と同様にハナダカは極めて少ない。これらの結果からハナダカは林内照度が１０００ルクス以上の場所を選好しているといえる。

滋賀県草津市の琵琶湖畔に打ち上げられた水草や木屑、枯れたヨシが堆積したところからハナダカが採集されている（石田２００９）。ここも明るい環境である。

ハナダカが選好する日当たりの良い環境では、林床植被率が高く、ハギやススキのような陽性植物が生育している。一般的には、上層の常緑広葉樹の占有割合が増大すると、林床は暗くなり、林床植被率は減少する。能見堂緑地の常緑広葉樹が優占する樹林では、アオキやテイカカズラなどがわずかに生育しているのみである。林内照度の相違は、林床植生に影響を及ぼし、ひいてはハナダカの餌資源の差となっていることも考えられるが、今の段階ではまだ不明な点が多い。

(3) 能見堂緑地への侵入時期

「明治中期横浜の植生図」（原田ほか２０１２）によると、当時の能見堂緑地は落葉広葉樹か常緑広葉樹かは不明であるが、広葉樹林に広く覆われていたという。人里近くでは薪炭材などとして頻繁に樹木が伐採され雑木林のような落葉広葉樹林が多くを占めていたであろう。一方、人里離れた奥地では人の手も加わりにくく、潜在自然植生の構成種であるスダジイやタブノキのような常緑広葉樹の優占する林分も存在していたことであろう。

樹林のような環境ではハナダカは分布を拡大することはできない。能見堂緑地周辺も金沢自然公園と同様に1970年代からの都市開発に伴う住宅開発や公園・緑地開発などにより、ハナダカの生息が可能になったと考えられる。開発による環境変化はハナダカの分布拡大に好都合であり、森林が伐採され、草地や疎林となったところや、撹乱《かくらん》後に植栽された落葉低木林などに侵入していったのであろう。

しかし、ハナダカの国内での生息地はごく限られており、兵庫県神戸市を除いてはきわめて局所的である。現在、金沢区の能見堂緑地と金沢自然公園は横浜市域におけるハナダカの分布の中心地といえる。

4　4種のダンゴムシが生息している三溪園

(1) 三溪園《さんけいえん》

横浜市中区に位置する三溪園は、明治期から大正期にかけて製糸・生糸貿易で財を成した実業家・原富太郎が1906年に造った17・5ヘクタールの日本庭園である。国の名勝に指定され、庭園全域も文化財として位置づけられている。

この庭園や山林には在来種のコシビロ2種と外来種のオカとハナダカの2種類が知られている。これらのダンゴムシのうち2種が生息しているところはいくつかあるが、3種以上となると横浜市域では今のところ三溪園だけである。

調査は2015年7月から9月と2016年5月に実施している。三溪園には管理された庭園から遷移の進んだ常緑広葉樹林までさまざまな植生が存在している。これらの植生から草地や煉瓦堆積地、クロマツ林、低木林、落葉広葉樹林、常緑広葉樹林など22地点を調査地として選定している(**図1・6**)。

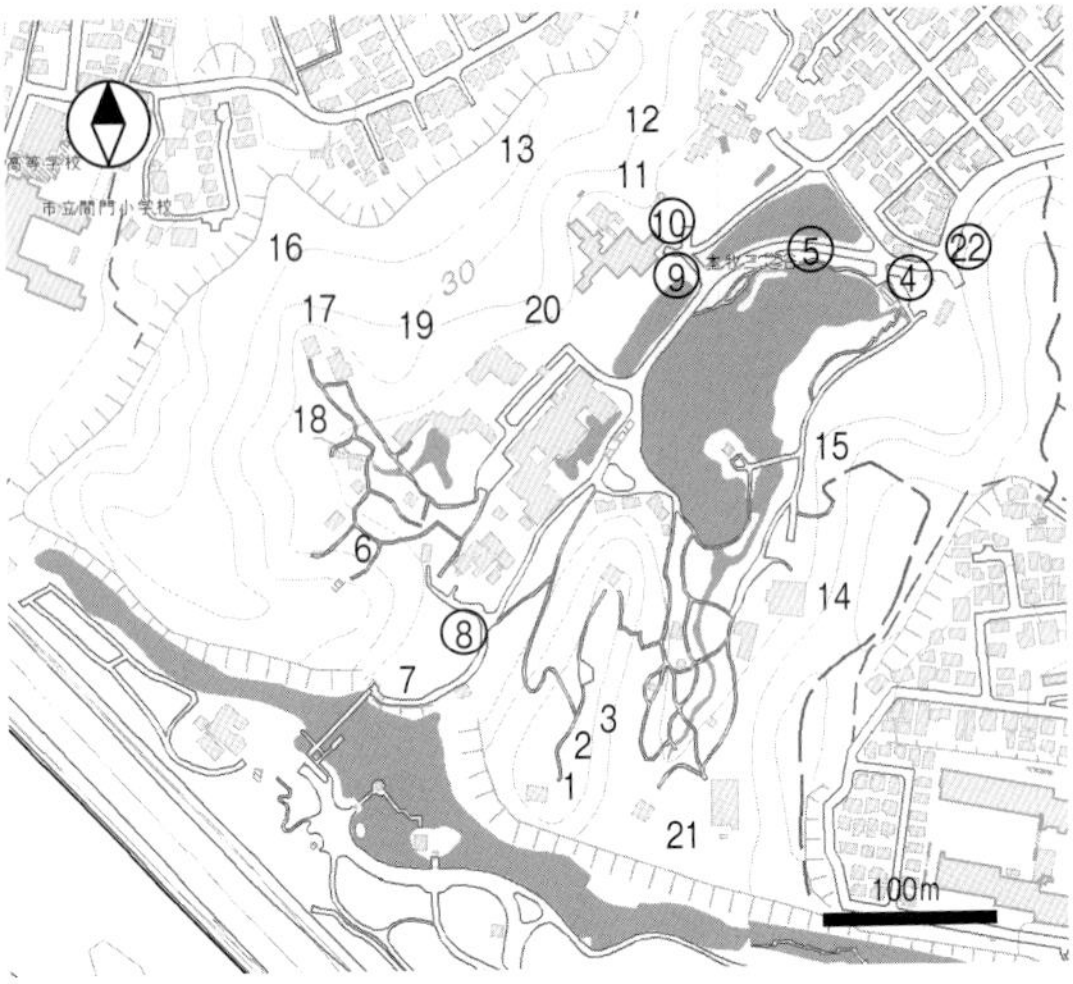

図 1.6　三溪園の調査地

国土地理院の電子国土基本図を基に作成。
○印の番号は見つけ取り法による調査。
1, 3, 6, 7, 11, 13, 15, 16, 17, 18, 19, 20, 21 がマツ林、落葉広葉樹林、常緑広葉樹林などの樹林地

個体数調査は25㎝×25㎝の方形枠を用いた枠法を基本としている。方形枠が設置できない石垣や個体数が著しく少ない場所では3人で10分間探すという見つけ取り法にて調査している。調査地22地点のうち16地点は枠法で、6地点は見つけ取り法である。採集されたダンゴムシは75％エチルアルコール溶液入りのビンに保存し、後日に目視または双眼実体顕微鏡下で同定を行っている。

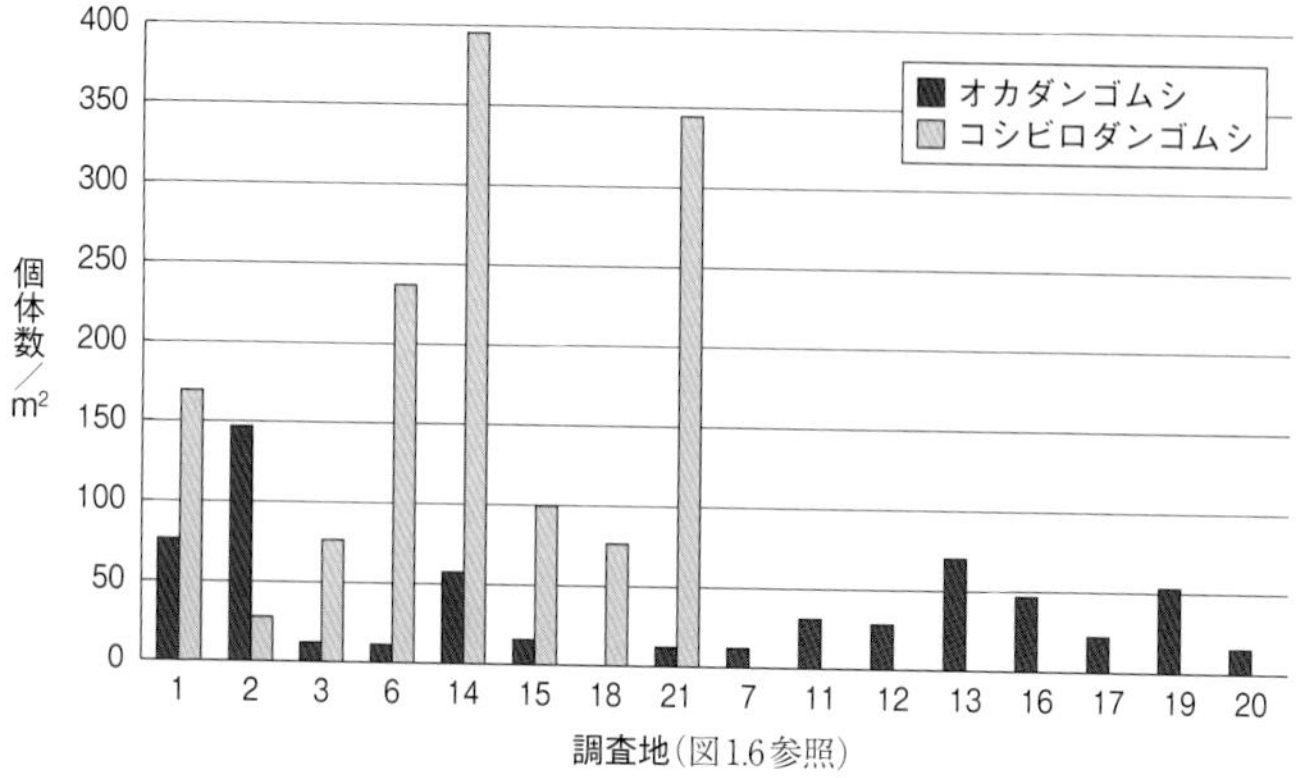

図1.7　三溪園の平方メートルあたりのオカとコシビロの個体数（先崎・原田 2016）

(2) 各種のダンゴムシの分布状況

① コシビロ　専門家により三溪園のコシビロはトウキョウコシビロダンゴムシとタマコシビロダンゴムシ属の一種の2種類がいることが明らかとなっている。種の同定は外部形態だけでなく、雄の個体を解剖する必要があることや雌の個体で同定するにはDNA解析が必要であることなどから、専門家でないと困難である。そこで、個体数の算定では両種を区別せず、一括してコシビロとして扱っている。

　コシビロは常緑広葉樹林4地点、落葉広葉樹林1地点、低木林1地点、常緑広葉樹を伴うクロマツ林1地点、煉瓦堆積地1地点の計8地点から出現している（**図1・7、写真1・11**）。

　これまで横浜市域で知られているコシビロの生息地は鶴見区、都筑区、緑区、保土ヶ谷区、中区、磯子区、南区、金沢区、泉区（佐藤ほか 1996、芳村・原田 2009、原田 1991a、栗田・原田 2011、先崎・原田 2016）くらいで、ほとんどの場合、コシビロは常緑広葉樹林から出現している（**表1・1**参照）。しかし、三溪園では常緑広葉樹林だけで

写真 1.11　三溪園の調査地(図 1.6 参照)

①4種類のダンゴムシがいる三溪園、②コシビロが生息している常緑広葉樹林(調査地 15)、③オカのみが出現する尾根部の常緑広葉樹林(調査地 16)、④ハナダカが1個体だけ採取されたコウライシバ草地(調査地⑤)

なく、隣接する落葉広葉樹林や低木林、常緑広葉樹を伴うクロマツ林、煉瓦堆積地からも出現している。これは、三溪園の山林の広面積が常緑広葉樹林に覆われていることを反映し、本来の生息環境である常緑広葉樹林の周辺部にも分布を拡大しているからであろう。

雄個体だけの分類によればトウキョウコシビロダンゴムシの生息が確認されているのは三溪園南部の尾根筋の3地点で、タマコシビロダンゴムシ属の一種はコシビロが出現した8地点のうち7地点から確認されている。このようにコシビロにおいても種ごとに選好する環境が異なっているようだが、今のところその要因は不明である。

② **オカ**　オカは枠法による調査では落葉広葉樹林1地点(調査地18)を除くすべての調査地から出現し、見つけ取り法においても6

地点中4地点から出現している（図1・7、表1・5参照）。見つけ取り法でオカが出現しなかった2地点は庭園部で、管理により頻繁に撹乱される場所である。草本植物の刈込みや落葉の除去は餌と棲みかの両方を失うだけでなく、地表面の乾燥を招く。生態分布幅の広いオカでさえも生息できないのだろう。ここではオカに限らずダンゴムシは出現していない。

オカしか出現しなかった調査地は枠法では南門付近のクロマツ林1地点、亜高木林1地点、剪定枝の集積地1地点、落葉広葉樹と常緑広葉樹の混生林3地点、常緑広葉樹林2地点の計8地点で、見つけ取り法では庭園部2地点である。枠法でオカしか確認できなかった場所は、いずれも園内北部から西部に位置する南斜面や尾根部の調査地である（写真1・11）。園内南部から東部のほとんどの樹林ではオカとコシビロが共に出現しているが、三溪園内北部から西部の樹林ではコシビロが欠如する結果となっている。土壌の乾燥化など南斜面特有の環境によるものかもしれない。

オカは煉瓦堆積地（調査地2）で㎡あたり150個体近く出現しているが、森林環境をなす他の14地点では、いずれも100個体未満の個体数となっており（図1・7）、樹林内では比較的均質な個体数を維持しているようである。

オカは雑食性であることが知られており、落葉以外にも同種の死骸や魚粉、卵黄粉末、牛肉などの動物質の餌、イチゴなどの果実、キノコ等を摂食する様子が観察されている（寺田 1980、渡辺 2001）。このような広食性や雑食性はオカがさまざまな環境に進出できるようになった一因であろう。

③ハナダカ　ハナダカは見つけ取り法により2地点から出現している（**表1・5**）。ハナダカが出現した調査地はいずれも庭園部で、ダンゴムシがきわめて少ない場所である。ハナダカが出現した正門付近のチカラシバ草地では2015年7月に1個体、8月に2個体、9月に1個体が確認され、そこから20mほど離れたコウライシバ草地（**写真1・11**）で1個体が確認されている。ハナダカはこの調査を通じて5個体を確認したのみである。

ハナダカが日本で初めて報告されたのは1943年のことだが（岩本 1943）、その後の記録がなく、実に47年ぶりにハナダカが報告された場所が三溪園である（布村 1990）。三溪園は、庭園部を除く斜面地の樹木が大きく成長し多くの場所が常緑広葉樹林となっているが、昭和初期に撮影された園内の写真を見ると尾根部にはマツが生育し、稜線が見えているところもある。

現在、ハナダカは一部の草地で確認されているだけであるが、三溪園が造成されたころには明るく開けた草地や疎林があちこちに存在し、広くハナダカが生息していたのかもしれない。

表1.5　三溪園見つけ取り調査結果

調査地番号	見つけ取り		
	オカ	コシビロ	ハナダカ
④-A	0	0	1
④-B	4	0	2
④-C	12	0	1
⑤	2	0	1
⑧	0	0	0
⑨	0	0	0
⑩	5	0	0
㉒-A	30	0	0
㉒-B	40	0	0

＊調査地は図1.6参照

(3) 三溪園の地形とダンゴムシ

三溪園は周囲を山に囲まれた地形で、すり鉢に例えることができる。すり鉢の底の部分は、コウライシバやクロマツを主とする植栽種が生育する庭園となっており、各種の建造物や池が広がっている。すり鉢の斜面の部分は常緑広葉樹林、落葉広葉樹林および両者の混生林、クロマツ林などの山林で覆われている。すり鉢の底の庭園部分には、オカとごく一部にハナダカが分布し、斜面の山林にはコシビロとオカが分布している。

コシビロは園内の東部から南部、南西部に位置する山林全域に広く分布している。これまで横浜市域でコシビロが確認されている場所はいずれも市街地の中に断片的・部分的に残存している常緑広葉樹林がほとんどである。常緑広葉樹林以外の植生では保土ヶ谷区のオオシマザクラ林から確認されているにすぎない。コシビロにとって落葉広葉樹林は好ましい環境とはいえないようである。三溪園のムクノキ・ケヤキ林は横浜の落葉広葉樹林での生息地の2例目である。

三溪園の南側の樹林では多くの場所でコシビロが出現しているにもかかわらず、北側に位置する南斜面の樹林やその尾根部からはコシビロは確認されていない。出現したのはオカのみである。

コシビロとオカが同所に生息する場合、樹林ではオカよりコシビロの個体数が多く、煉瓦堆積地のような樹林ではない場所ではコシビロよりオカが多い結果となっている。オカが一方的にコシビロを追いやっているとは考えられない。また、新たに樹林が形成された場所でも、近くにコシビロが生息している場所があれば、コシビロの分布拡大に伴い、やがてはコシビロが生息するようになるはずである。しかし、実際には園内の常緑広葉樹林でもコシビロが生息していないところがある。同じ地域の同じように見える常緑広葉樹林でも、地形、日照、湿度などさまざまな環境の違いにより、コシビロが生息できない樹林もあるようだ。

2001年の記録によると三溪園の入り口付近の石垣に多くのハナダカがかたまっていたと報告されている（渡辺 2001）。しかし、2012年の調査では石垣にハナダカは確認されていない。これは当時に比べ石垣の上層を覆っている常緑広葉樹が繁茂し、日陰が生じて林縁植生の草本植物が消滅するなど、ハナダカの生息環境として不都合が生じた結果といえよう。

このようにダンゴムシは環境に影響されながら分布を変化させ、個体数を増減させていると考えられる。

横浜市域ではコシビロは主に常緑広葉樹林に分布し、オカは人の影響を受けた市街地から樹林まで広く分布し、ハナダカは一部の明るく開けた環境に分布しており、その縮図を三溪園に見ることができる。

第２章　大型土壌動物

１　大型土壌動物とは何か？

土の中にはダンゴムシ以外にも様々な生きものが生息している。倒木や石を動かしたり、落ち葉をかき分けて、うごめく沢山の生きものを見つけた経験のある方は多いだろう。そこには小さなアメーバから大きなミミズやモグラまで様々いて、研究者でもその全体を理解するのは難しく複雑な世界が広がっている。

そこで、その理解の一助として様々な分類方法が提案されている。そのひとつに、体の大きさによる類別がある。この類別では、野外において肉眼で簡単に見つけられる体長２㎜以上のものを「大型土壌動物」、抽出装置を用いて分離できる０・２〜２㎜程度のものを「中型土壌動物」、それ以下の微小なものを「小型土壌動物」としている。本章では、比較的簡単に観察できるため身近に感じられる大型土壌動物について紹介したい。

(1) 土壌動物の分類方法

肉眼で簡単に見つけられる土の中の生きものといってもさまざまである。例えば都筑区港北ニュータウンの調査事例では、竹林で19～24群、落葉広葉樹林で22～29群の生きものが記録されている（芳村・原田２００９）。群という単位は曖昧だが、アリ、クモ、ミミズ、ヤスデなどといった分類である。もちろん、ミミズひとつとっても日本に１００種以上生息し、まだ見つかっていない種を含めると３００種はいるのではないかという説もある。土壌動物の分類学的研究は遅れていたり、それぞれの専門家が見なければ種までの分類が難しかったりするのが現状である。そのため、大型土壌動物の大枠を理解する目的では、専門知識が無くても分類可能なレベルの分類群がよく用いられている。一例として平内（１９９４）により示されたものを掲載するが（**図2・1**）、ここでは種ではなく、綱・目・科などの大きな単位が用いられている。例えばアリ科は種が何であろうと「アリ」と区分される、といった具合である。まずはこういった大まかな分類に基づいて土壌動物を紹介したい。

(2) 土壌動物の食べ物と機能

さて、これらの生きものは土の中で何を食べ生きているのだろうか。土壌動物は一般的に動植物の遺体を食べる「分解者」とされることが多かったが、そう単純ではない。

近年は生物多様性という言葉が新聞などにも取り上げられはじめ、それら生きものの役割「自然の恵み」についても、生態系サービスや生態系機能といった言葉で認知されつつある。土壌動物にも生態系機能があると考えられているが、その数少ない研究拠点は、横浜国立大学となっている。そこの

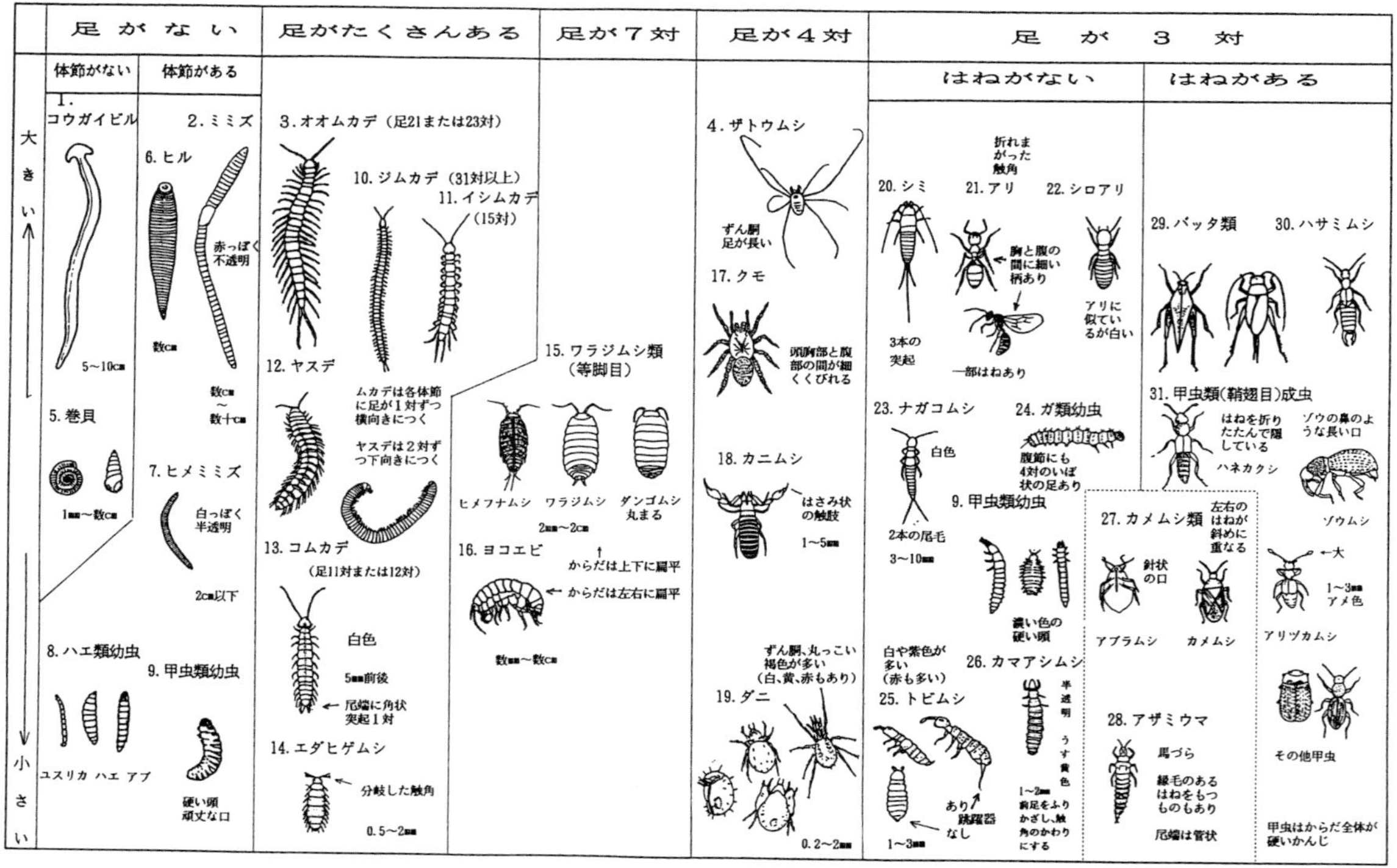

図2.1　土壌動物の分類群とその特徴（平内 1994）

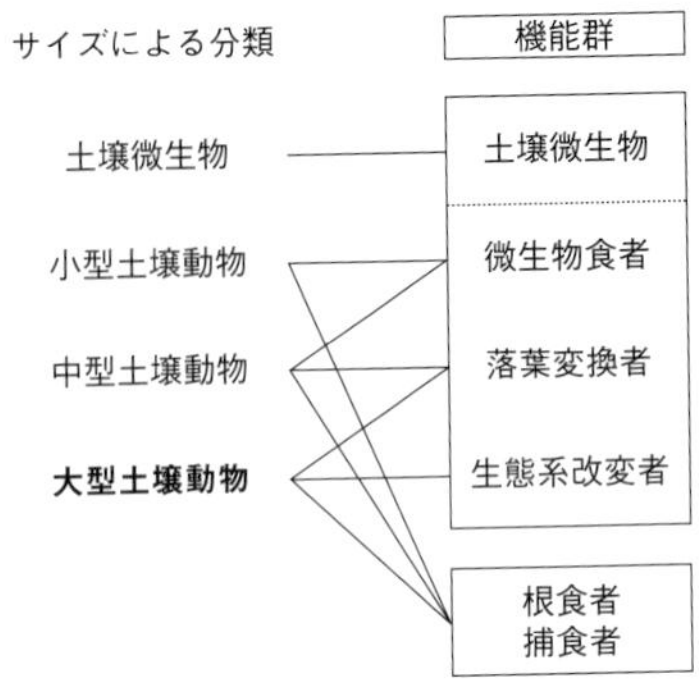

図 2.2　土壌生物のサイズと機能群
（金子・伊藤 2004 を改変）

研究者によると、土壌動物の生態系機能は、何を食べているかで決まり、大きく4つに分けられるという（金子・伊藤２００４：**図２・２**）。

① 落葉変換者　落葉、枯草、枯枝、動物の死がいやそれに付着する微生物を区別せず食べる生きもので、いわゆる分解者である。ダンゴムシやヤスデ、多くの甲虫の成虫・幼虫などが該当する。枯枝などはこれらの生きものにとって消化しにくいため、腸内の共生微生物の力を借りて分解したり、糞をもう一度食べて消化吸収効率を上げたりしている。これらによる分解は微生物よりも早く、また分化した結果として植物が利用できる養分に変化するため、落葉変換者は掃除役と食事係を兼任しながら林や草地を支えているといえる。

横浜国立大学には１９７６年にタブノキ、クスノキ、アラカシ、シラカシなどのポット苗を植栽し、造成した環境保全林がある。そのつくり方や環境保全機能については『環境を守る森をつくる』（原田・矢ケ崎２０１６）に詳しいが、その林で落葉の分解速度を計測した事例がある（木村・原田２００３）。乾燥滅菌させた常緑広葉のタブノキ、クスノキ、アラカシ、シラカシの葉それぞれ２gを25㎝×25㎝の網袋（土壌動物が入出できるよう工夫されている）に入れ、林の落ち葉の堆積層（A_0層と呼ぶ）と土壌（A層と呼ぶ）の境目にそれぞれ複数個設置し、一定期間ごとに回収し、その分解量を計測し

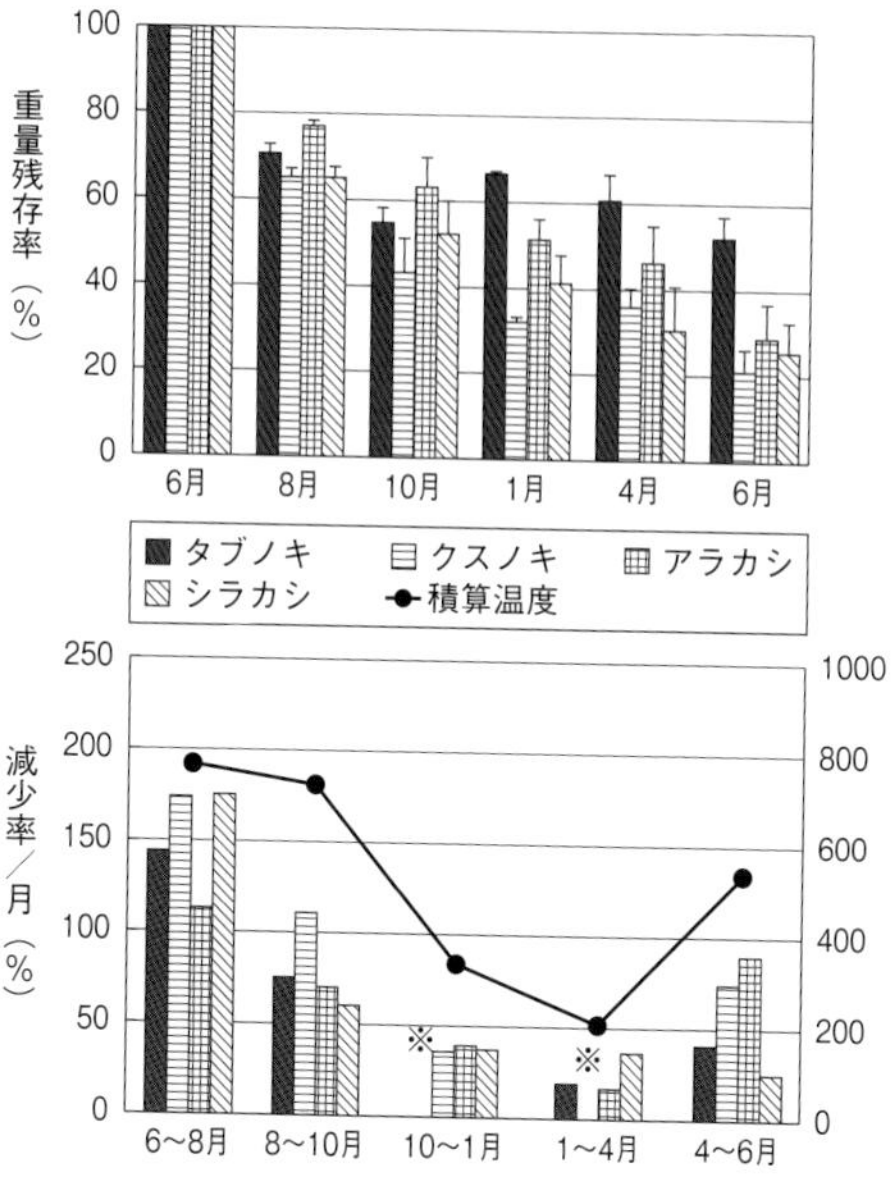

図2.3　環境保全林における落葉の分解
（木村・原田 2003）
※10～1月のタブノキと1～4月のクスノキは減少率が0％

ている。1年後に最も分解が進んだのはクスノキ（残存率20・8％）の葉で、次いでシラカシ（同25・0％）、アラカシ（28・3％）、タブノキ（52・6％）である（**図2・3**）。なお、落葉広葉樹であるオオシマザクラやミズキの葉を用いた同様の実験では、夏季の6～8週間でほとんど分解している（**写真2・1、2・2**）。

樹種により分解率が変わるのは、分解する生きものには好みがあるということであり、また温度が高いほど分解が進んでいたのは、生きものの分解活性が温度に規定されるということである。なお、網袋回収時に中にミミズなどの土壌動物が入っているケースも多々見られたという。

もちろんこの分解率は大型土壌動物のみならず、中型、小型、そして微生物による分解の総和である。これらの生きものによる消化吸収・分解は実は競争しつつも共同作業で進んでいるため、例えば特定の落葉変換者と落葉をシャーレのような容器に入れて「さぁお食べ」とやっても、自然界におけ

写真2.1　夏季6週間におけるオオシマザクラの葉の分解の様子
①設置時　②2週間後　③4週間後　④6週間後

写真2.2　夏季8週間におけるミズキの葉の分解の様子
①設置時　②2週間後　③4週間後　④6週間後　⑤8週間後

る分解率が推定できるとはいえない。それぞれが競争・協力した結果として分解が進み、養分として循環していると捉えるべきであろう。

② 生態系改変者　落葉や腐肉などが分解されればやがて養分を含んだ土壌になるが、その土壌を丸ごと食べる生きものがいる。地中性のミミズやシロアリの一部の種などが該当する。その結果として、巣や坑道が形成されたり、糞として出された土が保水性と排水性を併せもつ団粒構造となるなどして、土壌の構造や物質循環機能を大きく変えることになる。この変化は動物の死後も残り、他の生きものに大きな影響を与えるため、このような機能を持つ生きものは生態系改変者と呼ばれている。特にミミズによって作られる各種構造は、植物の生育に好影響を与え、野山や畑地の縁の下、ならぬ縁の下の力持ちとなっている。

③ 根食者　土壌中には植物の根が縦横に存在しているため、当然それを食べる生きものもいる。農林害虫として有名なコメツキムシの幼虫やコガネムシの幼虫をはじめ、ケラやネアブラ

表2.1　市ケ尾第三公園において確認されたセミの抜け殻（約2,500 m²）

確認されたセミの抜け殻	個　数	出現率（%）
アブラゼミ	3,227	84.7
ミンミンゼミ	410	10.8
ニイニイゼミ	3	0.1
ツクツクボウシ	2	0.1
不明（アブラゼミかミンミンゼミ）	167	4.4
計	3,809	

（横浜市青葉区 青葉土木事務所 ウェブサイトより）

ムシなどさまざまである。

ただし、農林害虫による根の摂食は、植物がこれ以上食べられないよう抵抗性物質を作るきっかけになるという。そしてその物質は地上部の枝葉にも回るので、もしも根の摂食量が適度であれば、結果的に地上部の虫害を減らし、品質の良い作物を作る可能性がある、ということを示唆した研究事例も海外にはある（例えばWurst and van der Putten 2007）。根を食べるから害虫、という短絡的な考え方はこれからは古くなる可能性もある。

夏の風物詩であるセミも、その幼虫は根を食べている。横浜市青葉区の商店街通りに面した市ケ尾第三公園という小さな公園にて、セミの抜け殻数を調べた事例がある（横浜市青葉区青葉土木事務所）。２０１３年の7月18日から9月27日までの早朝にセミの抜け殻を集めたところ、アブラゼミ、ミンミンゼミ、ニイニイゼミ、ツクツクボウシのものが合計３８０９匹分もあったという（**表2・1**）。

アブラゼミは地中で6年程度過ごした後、地表に出て1週間程度しか生きられない。つまり、セミによるあの夏の賑わいは、実は土壌動物によるものなのである。

④ 捕食者　土の中には多くの生きものがいるのだから、当然それを食べる生きものも多い。クモやカニムシ、オオムカデやイシムカデ、ジムカデなどである。ムカデのあの細長い体はエサを探すために落葉の下や地中を縦横に動き回るためのものであろう。他にもハネカクシやゴミムシなども捕食性のものが多いとされるが、雑食性の種も多く、専門家による同定が必要となってくる。なお、捕食者は落葉変換者や根食者などに大きな影響を与えるはずであるが、そういった研究はほとんど進んでいない。

⑤ 他の生物の餌となる役割も？　以上4つの機能は現在の一般的な学説であるが、もう1つ明らかに大きな役割があることを指摘したい。それは、土壌内外に棲む他の生きものの餌となっているという点である。特にミミズやコガネムシの幼虫など比較的大きな生きものは、土壌の外に生息する鳥類などにとって重要なエサとなっていて、地味ではあるものの身近な自然を支える大きな役割を担っていると思われる。市内で時々見られるタヌキも、ミミズをよく食べている。もちろん、どこに生息する生きものにもこの役割はあるが、気づきにくい割に大きな影響がある、という意味では重要なことと考えている。

緑区にある新治市民の森は、市内屈指の緑地帯であり、クヌギ・コナラ林やスギ・ヒノキ人工林が、尾根や谷間に複雑に入り組んだ横浜の原風景が広がっている。ここで、ニホンアカガエルが何を食べているかを研究した事例がある(伊原ほか２００７)。カエルというと、自販機を登ったり、チョウをペロリと食べたり、水にもぐったりするイメージがあるかと思うが、本種は吸盤が発達していないた

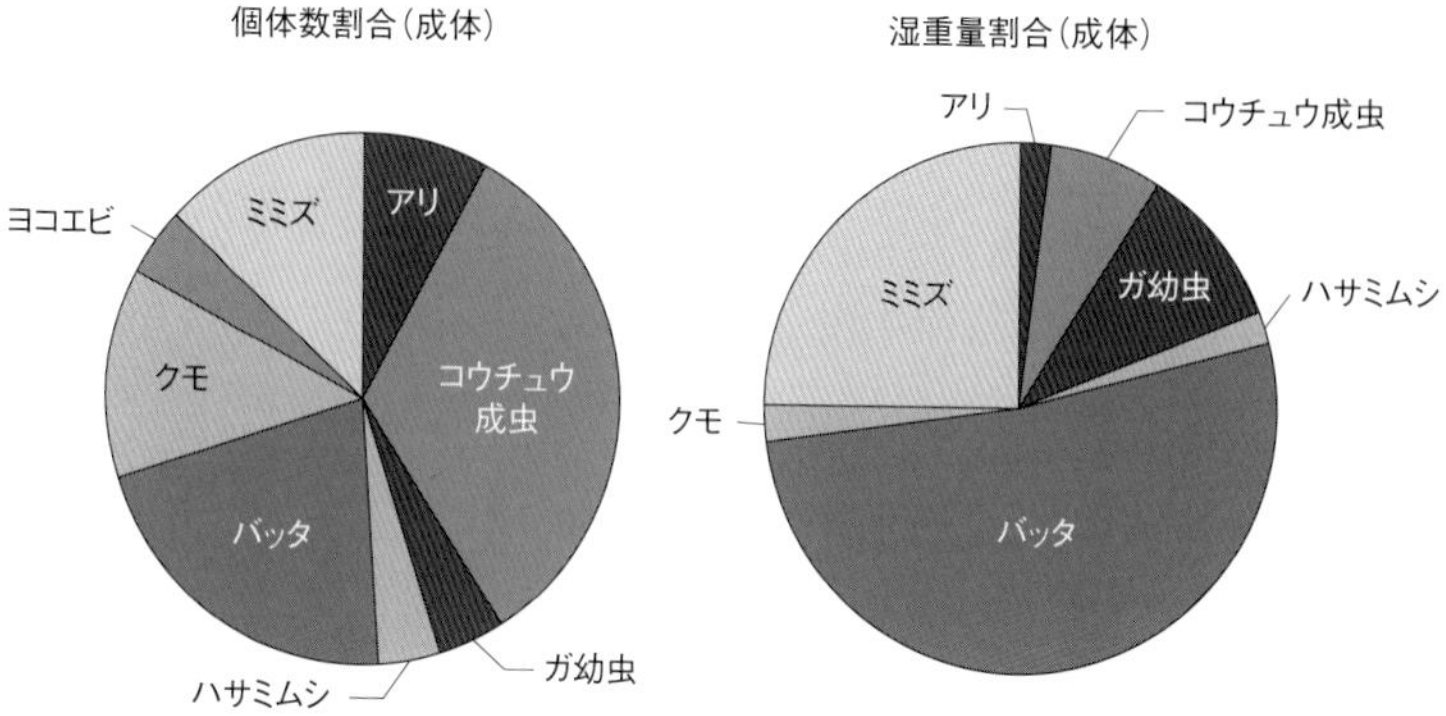

図2.4　ニホンアカガエルの成体の餌組成（伊原ほか 2007 を改変）

め何かに登るのは苦手であり、水に潜るのも苦手で水面を泳ぐという。平地や丘陵地でひっそりと暮らしている。

さて、２００５年6月から8月にかけて捕まえた69個体のニホンアカガエルの胃内容物を吐かせて、その中にどのような生きものがいるかを調べたところ、バッタを除けばほぼ土壌動物であった（**図2・4**）。

また、その森に棲む土壌動物の出現率を調べ、カエル成体の胃の内容物と比較してみた。調査地出現率が高いということは、その動物がカエルの生息場所の周辺どこにでもいるということである。ハエ・アブ幼虫、ワラジムシ・ダンゴムシ、トビムシ、アリ、ヨコエビなどがそうである。一方、胃の内容物ではガ幼虫、バッタ、クモ、コウチュウ成虫、ミミズ、ヨコエビが高い値を占めている。周りにいる出現率の高い動物がよく食べられているわけではない（**図2・5**）。このように捕食者にも好みがあるという観点からも、土壌動物が多様に存在するということには大きな意義があると考えられる。

以上のように、土壌動物たちは単なる分解者ではなく、土

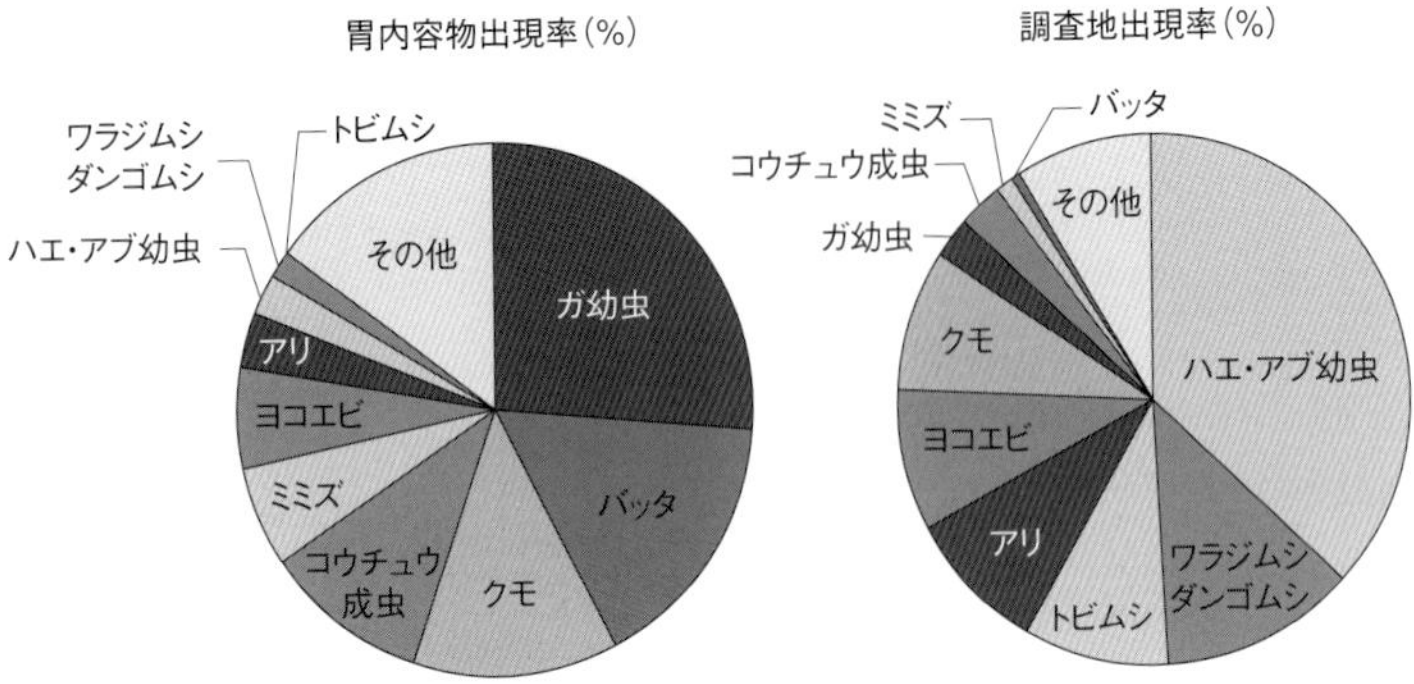

図2.5　ニホンアカガエル成体の餌資源（伊原ほか 2007 を改変）

の中でいろいろな役割を担い、大きな自然を支えているのである。

2　大型土壌動物各群の紹介

⑴　ミミズ

ミミズは団粒構造や坑道の形成によって土壌を豊かにし、植物の生長をよくするため、その研究は世界的になされている。古くは進化論で有名なチャールズ・ダーウィンの研究が有名で、ミミズが土を耕耘することで土壌改良に大きな役割を果たしていることを著書に記している（ダーウィン、渡辺訳１９９４）。しかし日本は比較的土壌が豊かなためか、そういった研究はやや遅れている。

日本にいるミミズは１００種以上と書いたが、日本産ミミズ大図鑑（ウェブサイト）には２０１６年現在「１１８種もしくは１８１種」という不思議な記載がある。これは、研究者によって種の区分に対する見解が異なるということを意味している。アスファルトの上を這っているミミズを見かける機会も多いが、一見するとどれもほぼ同じように見える。種の同定は解剖をしなければわからないものもあるが、近年は図鑑も刊行され、見当はつけやすくなってきている。

①光るミミズ　金沢区にある野島公園は、歌川広重が描いた野島の漁師村に夕焼けが映えている様子を描いた『野島夕照』で有名な場所であるが、ここの浜辺には同定が比較的容易なミミズがいる。それはイソミミズという種で、なんと光ることがある（大場ほか２０１５）。強く刺激して驚かすと、ミミズは黄色い液体を口や体表から放出し、それが暗いところでは光って見える。このミミズは昔から釣り餌として利用されていたそうだが、光る性質についてはほとんど気づかれていなかったという。なぜ光るのかは不明だが、一説では捕食者を驚かせるためとされている。なお、国内の光るミミズとしては他にホタルミミズがいるが、塩分濃度の高い浜辺に生息できるのはイソミミズだけである。

②ミミズの種組成・現存量、生活史　横浜国立大学構内では、ミミズの種組成・現存量（飯野・原田２００４）や生活史（内田・金子２００４）が調べられている。

構内のシバ草地や各種森林にて、２００３年の6月中旬から8月上旬にかけて15㎝深までの土壌における個体数を調査したところ、２科10種が確認されている（**表２・２**）。ミミズは森林に多いイメージがあるかもしれないが、シバ草地にも多く生息している。しかしその現存量を見ると、シバ草地では少なく、森林で多くなっている（**図２・６**）。さらに出現頻度の高い5種の生息層をみると、アオキミミズとフトスジミミズは落葉の層に多く、ヘンイセイミミズとヒナフトミミズはその下の土壌０〜

表 2.2　各調査地に出現したミミズの種組成と個体数(/1.5 ㎡)(飯野・原田 2004 を改変)

	ミズキ林	オオシマサクラ林	スダジイ林	照葉樹人工林1	照葉樹人工林2	シバ草地1	シバ草地2
フトミミズ科							
アオキミミズ	5		11				
フトスジミミズ	3	8		11			
ヒトツモンミミズ	1	8		4	17		
ハタケミミズ		5					
フツウミミズ	1						
フキソクミミズ							
ヘンイセイミミズ	2	2	1	2	1	5	3
ヒナフトミミズ	3	8	3	1		3	5
ハチノジミミズ	1						
イロジロミミズ	1						
ミヤマミミズ							
フトミミズ不明種1				2			
フトミミズ不明種2					1		
フトミミズ幼体	3	4	5	4		4	3
ツリミミズ科							
サクラミミズ						9	18
ツリミミズ幼体			1	1		2	5
総個体数	20	35	21	25	19	23	34

15cmの範囲に多い。またヒトツモンミミズは両層にまたがって見られる。なお、この調査からは除外されているが、ミミズは地表から30cm以上も深い所にもいるとされていて、その環境における厳密なミミズ調査は容易ではない。

1999年の4月から10月にかけて、フトミミズ科の生活史を常緑広葉樹林および落葉広葉樹林で調べた結果(内田・金子2004)、ミミズの個体数や湿重量は5月から増加し始め、6～7月にピークとなり、9～10月にかけて減少している(**図2・7**)。層別にみると、6月から7月にかけてみられるピークは主に落ち葉の堆積層に生息す

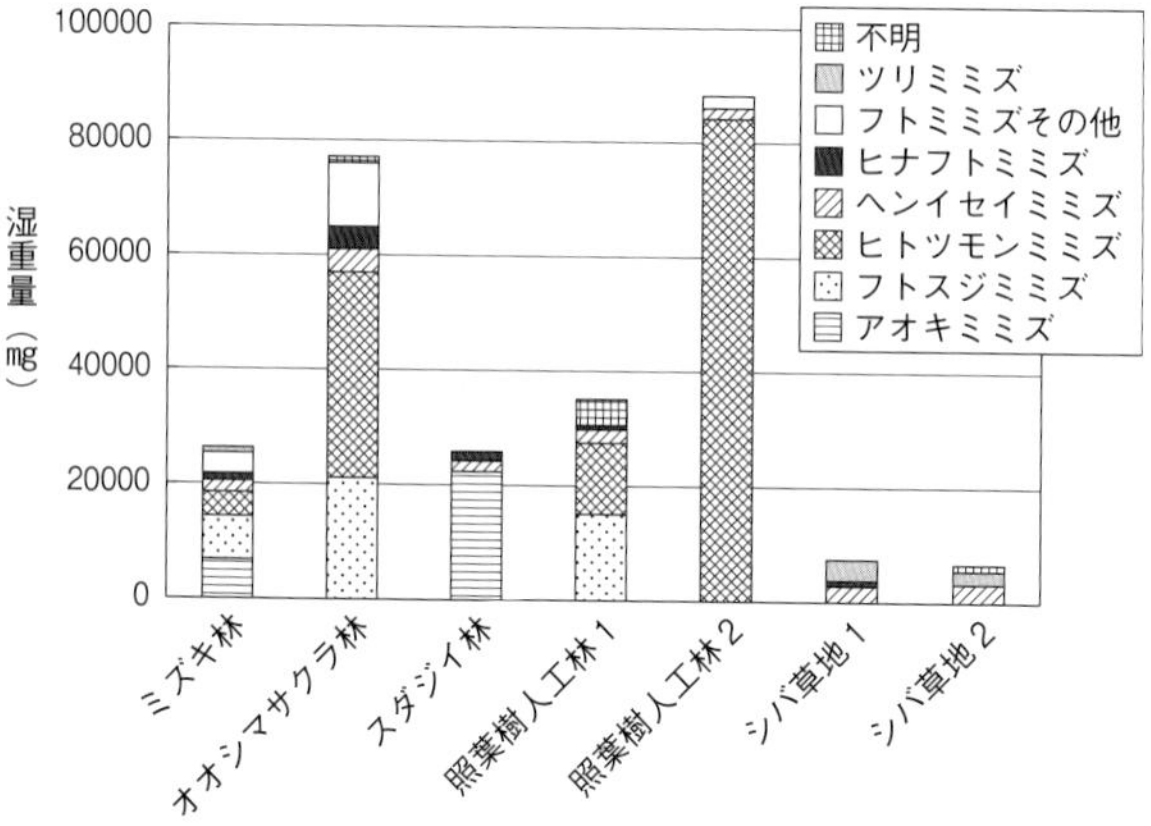

図 2.6 横浜国立大学構内のミミズの現存量（㎡）（飯野・原田 2004）

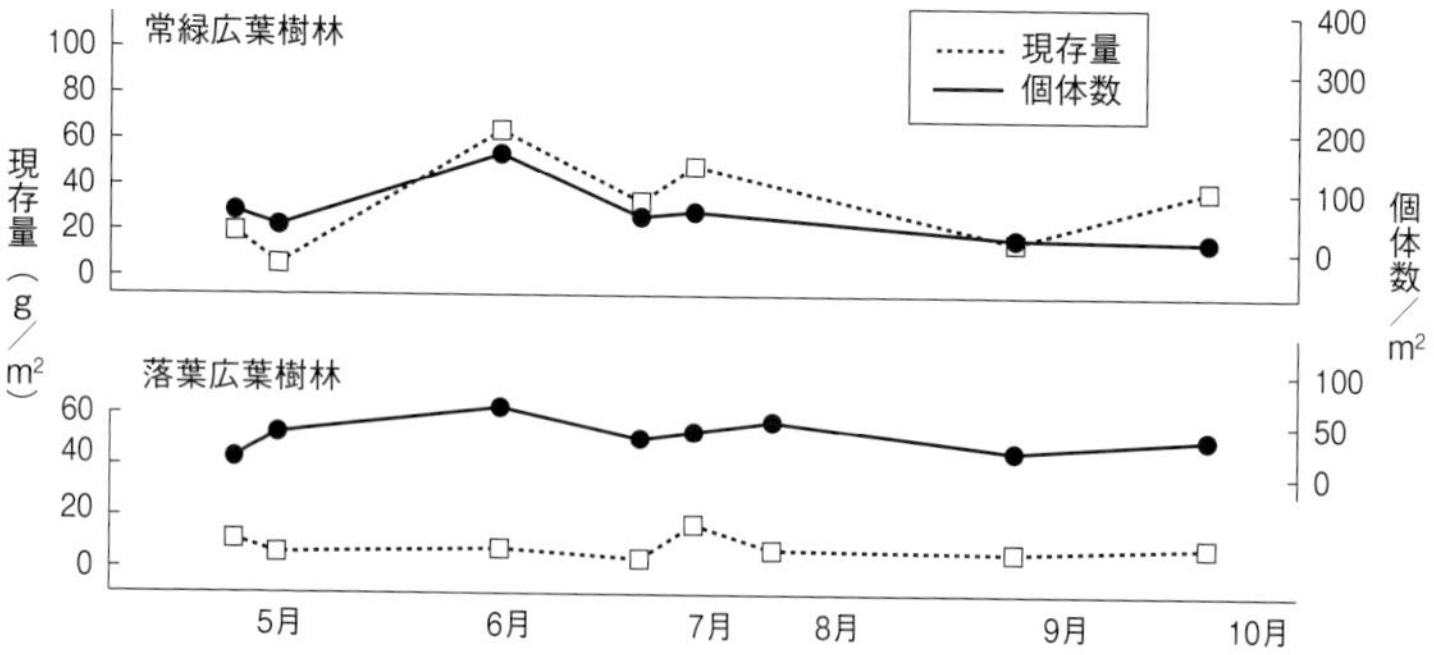

図 2.7 横浜国立大学構内の森林におけるミミズの現存量と個体数の季節変化
（内田・金子 2004 を改変）

るヒトツモンミミズ、フトスジミミズの現存量によって占められ、5月と10月はその下の土壌層に生息するヘンイセイミミズ、ヒナフトミミズによって占められている（**図2・8**）。また、主に落ち葉の堆積層に棲むミミズは、4～5月に孵化し、6～7月に成熟、9～11月に卵包を産み、死亡すると

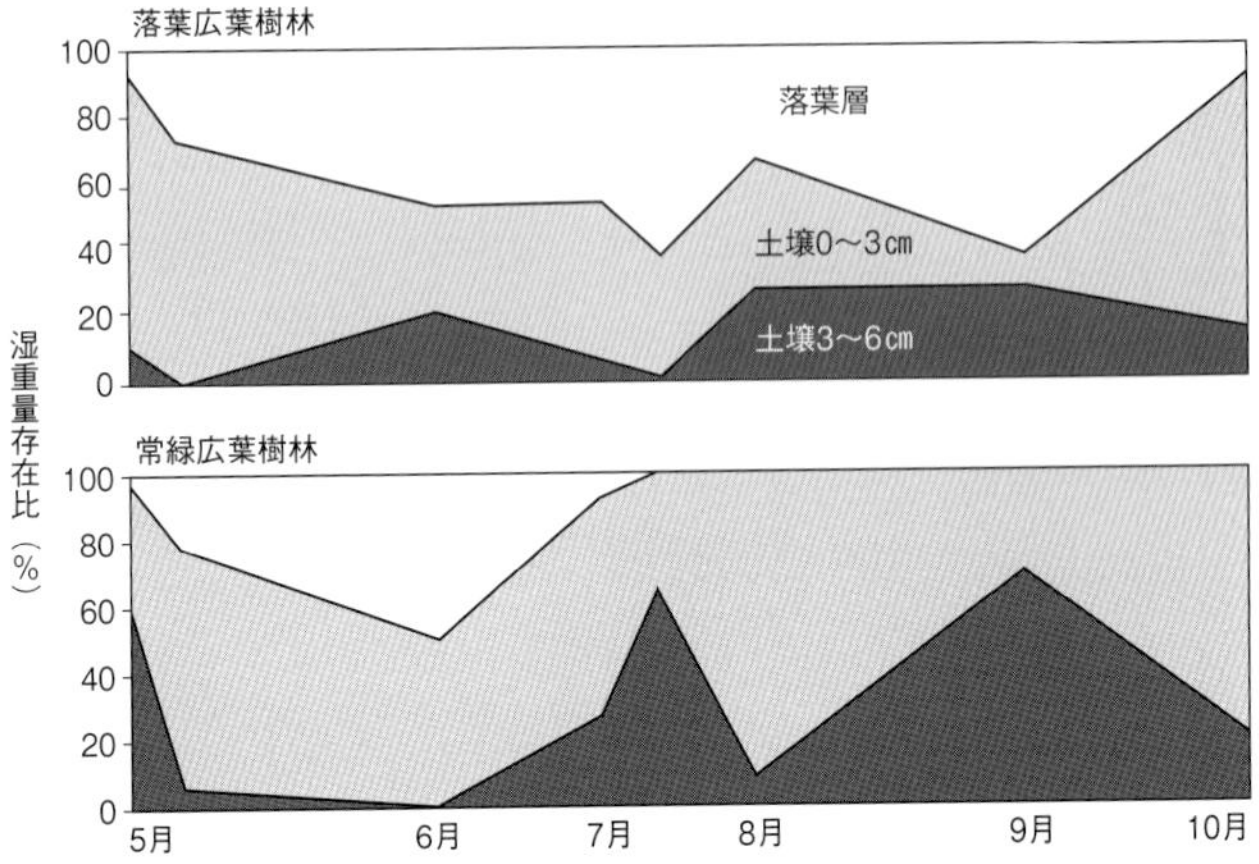

図2.8　横浜国立大学構内の森林におけるミミズの土壌層位別生息割合と季節変化
（内田・金子 2004 を改変）

いう生活環が確認され、主にその下の土壌に棲む種は、孵化の時期が分散して断続的に行われるという生活史がみられる。これは、地温が下がる地表近くで越冬する種は卵包で過ごし、比較的地温が下がりにくい地中で越冬する種は未成熟の段階か成体で冬眠のような不活発な状態で過ごすという性質に由来すると考えられている。

このように、ミミズも多種多様な戦略をもって生きている。もしもアスファルトの上で見かけたら、それがどんなミミズであるか、少し足を止めて見てみてはいかがだろうか。

(2) アリ

アリ類は分類整理の進んだ群であり、世界には1万種以上もいる。日本では「日本産アリ類画像データベース」がウェブ上で無償公開されていて、2016年現在で272種が画像付きで紹介されている。そのため、アリは専門知識がなくとも比較的分類が容易となっている。アリは巣を作り社会生活を営んだり、女王アリ・雄アリ・働きアリ・兵アリといった階級があることはご存知の通りで、近年は働きアリの7割は実はサボっていることなどが紹介されている（長谷川 2010）。

①他の地域から侵入してくる外来種　アギトアリは体長が10〜13㎜、クワガタのような大きく発達した大あごが特徴的な大型のアリである（**写真2・3**）。本種は、中国、台湾および東南アジアに広く分布している。日本では1990年代までは、鹿児島県本土や離島に局所的に生息することが知られていたにすぎない。

横浜で初めてアギトアリが見つかったのは2009年のことで、金沢自然公園の灯火に有翅女王が飛来するようになった。2012年には、常緑広葉樹と落葉広葉樹が混生する南東向きの斜面の下部にて営巣を確認している。巣（働きアリや幼虫などが集合している広まった空間）は朽ち木の下、あるいは周辺の土中にみられ、本属のアリとしては異常に大きな集団となっており、複数の巣が1つのコロニー（家族集団）を形成している（先崎ほか 2012）。

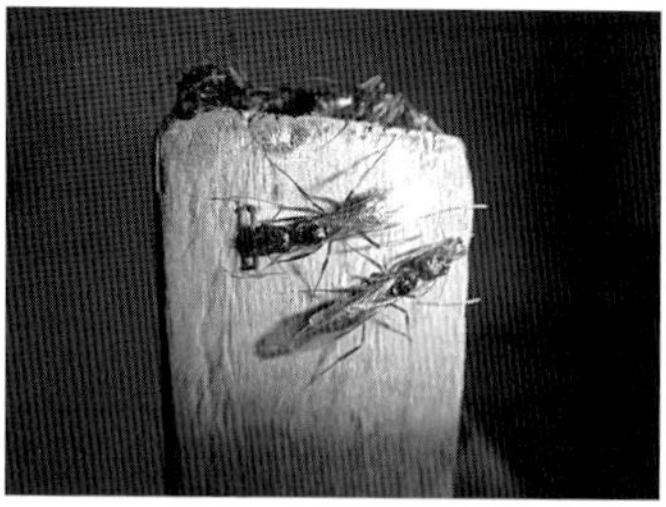

写真2.3　灯火に飛来したアギトアリの女王（有翅女王）

ここでは2009年以来、秋に有翅虫が出現し、日没後に灯火に飛来する様子が観察されている。8月下旬から9月に雄アリが飛翔し、9月下旬から長い場合には11月上旬まで雌アリが飛翔する。他地域でも秋に有翅女王が出現すると推察されるが、本種の生態はよくわかっていない。なお、横浜でアギトアリの分布が確認されているのは今のところ金沢自然公園だけである。

悪影響のある外来種も横浜には当然入ってきている。有名なのはアルゼンチンアリで、1993年に広島県で見つかって以降、各地で確認されている。このアリは在来種を駆逐したり、農作物の芽や蕾をかじったり、人を咬んだり、ビルの8階まで行列を作って登ったりする厄介者である。在来種のように冬眠もせず、年中活動している。

横浜ベイブリッジのある中区の本牧埠頭《ほんもくふとう》は、貿易港であり、海釣り客でにぎわう地でもある。アルゼンチンアリは海外から運搬されてきた木材やコンテナに随伴して侵入したのであろうか、2007年にその存在が確認されている（環境省 2013：**図2・9**上）。しかしその翌年より薬剤等による徹底した防除が行われたところ、約半年で大きな成果が現れ（**図2・9**下）、一時期アルゼンチンアリは確認されなくなり、在来アリ相の種数、個体数がともに増加したという。その後2010年にはアルゼンチンアリが再度発見されたため根絶には至っていないようであるが、防除の成果がこれほど上がった例は大変まれだという。

成果が上がった大きな理由は、分布が広がる前の早期対応ができたことと、ベイト剤という、アリが好む餌に遅効性の殺虫成分を含ませた顆粒状の殺虫剤を用いたこと、さらにアリの活動の最盛期である夏季ではなく、活動を開始する春期から処理し、活動性が低下する秋季に最終的な処理を集中して実施したことなど、とされている。

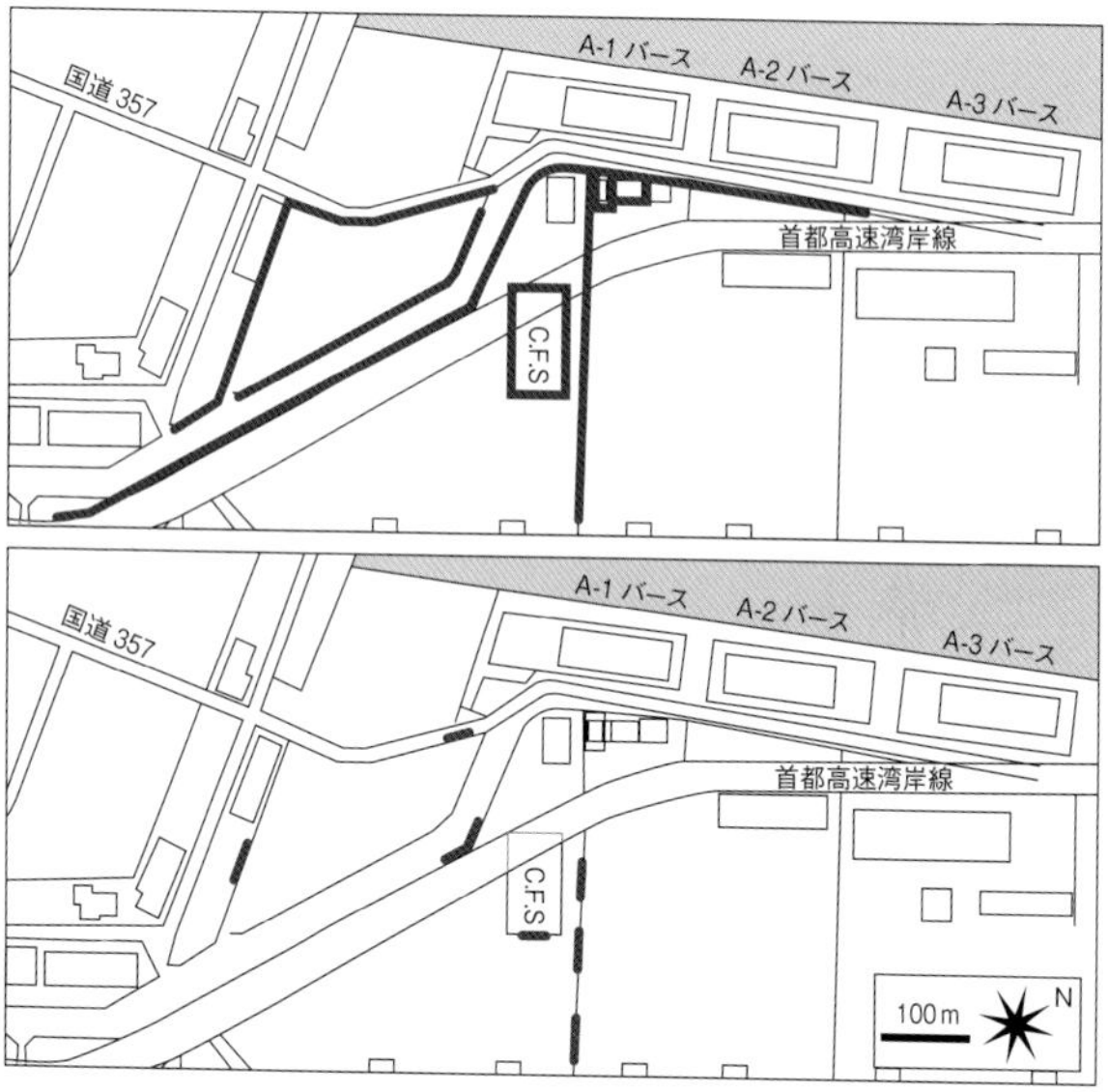

図2.9　本牧埠頭におけるアルゼンチンアリの生息範囲（太線）の変化
（環境省自然環境局 2013）
上：2007年当時、下：薬剤による防除作業後

生きもの好きな人が増えることは、観察の眼を増やすことにつながり、こういった外来種の早期発見・早期対応に繋ぐことができる、ということもこの事例は教えてくれている。

②在来アリの研究事例　在来アリ相の研究としては、横浜国立大学構内の森林および草地にて2004年5月下旬から8月下旬にかけて調査した事例がある（大野ほか 2004）。3種類の調査方法（88、89頁参照）にて調査したところ、28種のアリが確認された（**表2・3**）。

森林では、トビムシを専門的に食べるウロコアリ、クモやムカデの卵を専門的に食べるイトウカギバラアリ、様々な節足動物を幅広く食べるオオハリアリ、樹上性のムネボソアリやテラニシシリアゲ

表 2.3 各調査地におけるアリ類の種組成（大野ほか 2004 を改変）

	スダジイ林	環境保全林 1	環境保全林 2	シバ草地 1	シバ草地 2
ニセハリアリ	○	○			
ヒメハリアリ	○				
ウロコアリ	○	○	○		
キタウロコアリ		○			
カドフシアリ		○			
イトウカギバラアリ	○	○	○		
コツノアリ	○	○	○		
オオハリアリ	○		○		
アメイロアリ	○	○	○		
アズマオオズアリ	○	○	○		
トフシアリ		○		○	○
トビイロケアリ	○	○	○	○	○
キイロシリアゲアリ	○	○		○	
ヒゲナガアリ	○				
ムネボソアリ	○	○			
ハリブトシリアゲアリ	○	○	○		
テラニシシリアゲアリ	○	○	○		
クロヤマアリ	○	○	○	○	○
アミメアリ	○	○	○	○	○
トビイロシワアリ				○	○
サクラアリ		○		○	○
クロオオアリ		○		○	○
イトウオオアリ		○		○	
ヒメアリ			○	○	
カワラケアリ				○	
キイロヒメアリ	○				
ハリナガムネボソアリ				○	
ヨツボシオオアリ			○		
出現種数	17	19	13	12	7

アリ、ハリブトシリアゲアリ、比較的自然性の高い森林に出現するとされているカドフシアリやコツノアリ、アズマオオズアリなどが見られる。一方草地のみで見られる種は、開放的な環境を好むトビイロシワアリと河川敷のような乾燥した砂質土壌を好むカワラケアリのみである。両方の環境で見られた種もあるが、アリは食性や好む環境が多様であり、環境評価に用いられることもある。

(3) 甲　虫

カブトムシのような、外骨格が甲冑《かっちゅう》のように頑丈な仲間は甲虫と呼ばれる。生物の中で種類が最も多いグループといわれていて、身近な生きものとしてはクワガタムシやコガネムシ、テントウムシなどが該当する。

しかし土壌動物と考えられているものの数は特に多くはないとされている。幼虫は土中深くまで侵入することがあるものの、成虫は土壌表層部に多く、朽木や倒木など地表の大型植物遺体や石下などに生息するものが特に多い（青木１９７３）。

横浜市内における土壌表層部を徘徊する甲虫についての調査事例がある（伊藤・青木１９８３）。当時は好調な経済成長により市街化が急速に進行していた時代だが、そのような中で、A：郊外の自然が比較的残されている地域、B：市街化が進行中の地域、C：市街化が進行した地域、D：市街地内の4地域14地点（**図2・10**、**表2・4**）において、6月、8月、10月の3回にわたって調査している。その結果、9科32種３１０５個体の甲虫が採集されている（**表2・5**）。

オサムシはぱっと見では飛べそうに見えるが、漢字で歩行虫と書かれるように地表を歩き回るのに

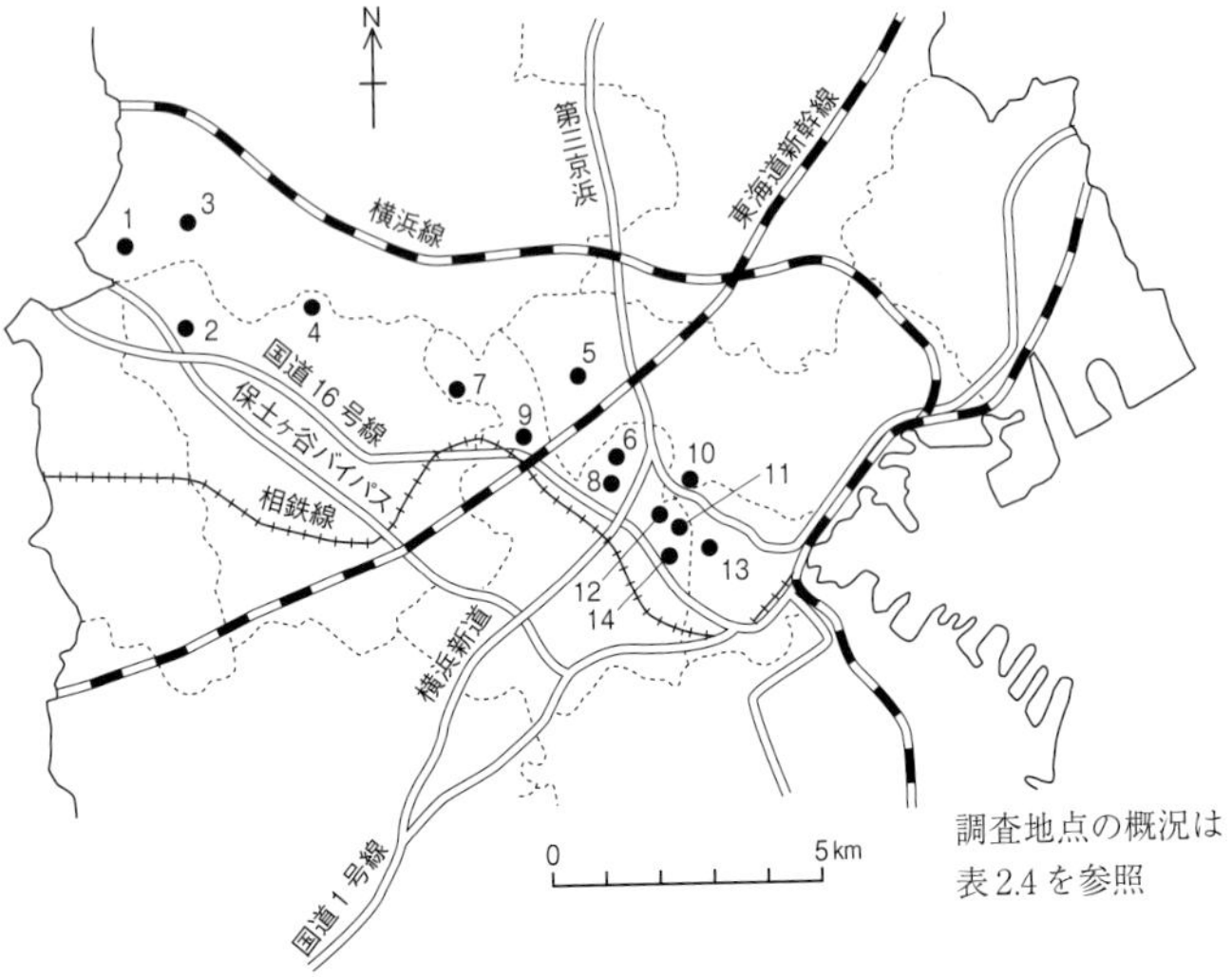

図2.10　横浜市内における調査地点の位置（伊藤・青木 1983）

特化したためか、後翅が退化していて飛べない。捕食性も植食性も、雑食性もいる。シデムシは漢字で埋葬虫と書くこともあり、動物やミミズなどの腐肉を食べる森の掃除屋である。エンマムシは閻魔虫と書き、センチコガネとともに腐肉や糞に集まる。ハネカクシは小さな前翅に大きな後翅を細かく折りたたんでいて、翅を隠しているように見えることからこう呼ばれている。

　本研究で得られた種数や個体数の平均値は大きいほうから、A（23・8種388・3個体）→B（19・7種316・7個体）→C（13・5種139・8個体）→D（3・3種14・7個体）の順となり、市街化の進行につれ種数も個体数も減る傾向が見られている。

　全個体数の5％を超えるものを優占種とすると（**表2・6**）、オオヒラタシデムシとコエンマムシ、オオクロツヤヒラタゴミムシの3種が、過半数の地点で優占種となる。特にオオヒラタシデムシに関しては大きいほうから、D（48・7％）→C（37・5％）→B（23・4％）→A（10・3％）の順となり、市街化の進んだ地域ほど優占する割合が高くなっている。また、捕食者であるアオオサムシと腐食者であるコクロシデムシの2種は、AおよびBの大半で優占種となり、その値はAのほうがBより大きい。

さらに、似た組成を持つ種をグルーピングする手法を用いて解析すると、多くの種は市街化の進行とともに減少し、Aでは見られずB以外で見られる傾向の種はマルガタゴミムシのみとなる（**表2・**

表2.4　横浜市内における調査地点の概況
（伊藤・青木 1983を改変）

地域区分	調査地点	地　名	植生環境	周囲の環境
A	1	緑区 岡部谷戸	クヌギ–コナラ林	水田、雑草地
	2	旭区 上川井	クヌギ–コナラ林	野菜畑、雑草地
	3	緑区 若葉台	クヌギ–コナラ林	野菜畑、雑草地、休耕田
	4	旭区 三谷	クヌギ–コナラ林	休耕田
B	5	神奈川区 羽沢	クヌギ–コナラ林	野菜畑、雑草地、住宅街
	6	保土ヶ谷区 横浜国大	クスノキ植林 スダジイ林	雑草地、シバ地、住宅街
	7	保土ヶ谷区 新井	クヌギ–コナラ林	野菜畑、住宅街
C	8	保土ヶ谷区 常盤台	クスノキ植林、サクラ植林	住宅街
	9	保土ヶ谷区 西谷	クヌギ–コナラ林	住宅街
	10	神奈川区 三ッ沢	スダジイ植林、サクラ植林	住宅街、グランド、テニスコート
	11	保土ヶ谷区 鎌ヶ谷	クヌギ–コナラ林、イチョウ植林	住宅街、雑草地
D	12	保土ヶ谷区 岡沢町	雑草地	住宅街、野菜畑
	13	西区 浅間町	雑草地	市街地
	14	保土ヶ谷区 峰岡町	住宅の庭、駐車場	市街地

表 2.5　採集された甲虫類とその個体数（伊藤・青木 1983 を改変）

地域区分	A				B			C				D			合計
調査地点	1	2	3	4	5	6	7	8	9	10	11	12	13	14	
オサムシ科															
クロナガオサムシ	+	+	+	+		+									31
アオオサムシ	○	◎	○	○	○	◎	○	+	+	+	+				319
ヒメマイマイカブリ		+	+		+	+									6
ゴミムシ科*															
ヨリトモナガゴミムシ	○	○	○	○	○	○	○		○						142
オオクロツヤヒラタゴミムシ	◎	○	◎	○	○	◎	○	○	○	○					405
ニッポンツヤヒラタゴミムシ	○	○	○	+	○	○	+	+			+				132
マルガタゴミムシ		+			+	+	+		+	+	+	+	+		39
ゴミムシ	○	+	+	○	+	+		+		+	+	+			68
その他	+	+	+	+	+	+	+	+	+	+	+	+			92
エンマムシ科															
コエンマムシ	◎	◎	○	○	◎	+	○	+	○	○	○	+			471
シデムシ科															
クロシデムシ	○	○	○	○			+								70
コクロシデムシ	○	○	○	◎	○		○			+					222
オオヒラタシデムシ	○	○	○	○	◎	◎	◎	○	○	◎	○	○		+	602
その他	+	+	+	+			+								24
ハネカクシ科															
クロサビイロハネカクシ	○	○	○	○	+	○	+	+	○	+					139
チャイロツヤムネハネカクシ		○	+		+	+	○			+	+				63
コガネムシ科															
コブマルエンマコガネ	○	+	○	+	+	+	+			+	+	+			52
クロマルエンマコガネ	+	○	+	+	+	+	+	+	+	+	+	+			65
センチコガネ科															
センチコガネ	○	○	+	○	○	○	○	+	○	+					118
コメツキムシ科															
サビキコリ	+	+	+	+	+	+	+	+	+	+	+	+			41
その他	+			+				+		+					4
合　計	460	436	342	314	311	369	270	84	184	187	104	39	1	4	3105

＋：10 個体未満、○：10～49 個体、◎：50 個体以上

* 現在ゴミムシ科は存在しないが、発表論文のままとする

表2.6　いずれかの地点で優占種となる甲虫類の優占度(%)（伊藤・青木 1983を改変）

地域区分	A				B			C				D		
調査地点	1	2	3	4	5	6	7	8	9	10	11	12	13	14
オオヒラタシデムシ	5.9	10.6	14.0	10.8	18.6	23.6	28.1	35.7	17.4	49.7	47.1	46.2		100.0
コエンマムシ	17.6	23.2	12.0	12.7	17.4	+	17.0	7.1	19.6	17.1	18.3	23.1		
オオクロツヤヒラタゴミムシ	15.0	+	15.2	6.1	14.8	23.3	13.7	16.7	26.1	8.6				
アオオサムシ	8.7	18.3	11.7	10.2	7.1	17.3	6.7	8.3	+	+	+			
コクロシデムシ	10.7	8.3	6.7	22.6	8.0		5.6			+				
ヨリトモナガゴミムシ	5.2	+	+	+	6.8	0.4	+		5.4	+				
クロサビイロハネカクシ	6.1	+	+	6.4	+	6.5	+	+	10.9	+				
ニッポンツヤヒラタゴミムシ	8.5	+	5.3	+	+	6.8	+	+			+			
センチコガネ	+	+	+	5.1	+	+	+	+	10.9	+	+			
ゴミムシ	+	+	+	+	+	+		6.0		+	+	7.7		
クロマルエンマコガネ	+	+	+	+	+	+	+	+	+	+	+	7.7		
チャイロツヤムネハネカクシ		+	+		+	+	5.9			+	+			
マルガタゴミムシ		+			+	+	+		+	+	5.8	5.1	100.0	
クロシデムシ	+	+	6.4	+			+							
セアカヒラタゴミムシ	+		+					+		+	+	5.1		

＋は5％未満を示す

7）。本種は草地などで簡単に見つけることができ、雑草種子や小動物を食べる雑食性と言われている。

このように地表を徘徊する生きものも多様であり、食性や好む環境もさまざまである。そのため、これら甲虫を保全するには多様な環境を維持する必要があり、これらを環境評価に用いることができる。環境省では様々な生態系のモニタリング事業を行っているが、甲虫のこういった性質を反映してか、全国20のコアサイトにおける甲虫調査を毎年継続して行っている。

(4) その他の土壌動物

大型土壌動物には他にも沢山の種類がいる。ヤスデは時として大発生し、虫嫌いでなくてもギョッとする光景が見られる。山梨県や長野県などの山間部には、大発生して線路を覆いつくすため、それを踏み潰した汽車がスリップして傾斜を

表 2.7　環境区分と甲虫類の種組成（伊藤・青木 1983）

	地域区分	A				B			C				D		
	調査地点	1	2	3	4	5	6	7	8	9	10	11	12	13	14
Ⅰ群	ベッコウヒラタシデムシ	1	1	1	1										
	スジアオゴミムシ	1	1	1	1	1									
	クロナガオサムシ	1	2	2	1		2								
	ナガマルガタゴミムシ	1	1	1			1								
	ヨツボシモンシデムシ	1	1		1			1							
	クロシデムシ	3	3	4	3			1							
Ⅱ群	オオゴミムシ	1	1			1	1					1			
	アカアシマルガタゴモクムシ	1	1		1	1	1								
	ヒメマイマイカブリ		1	1		1	1								
	ルイスナガゴミムシ			1	1	1	1								
	アオゴミムシ	1			1	1		1							
	ヨリトモナガゴミムシ	4	3	4	3	4	3	3		2					
	コクロシデムシ	5	4	4	5	4		3			1				
Ⅲ群	ニッポンツヤヒラタゴミムシ	4	4	3	2	3	4	1	1			1			
	アオオサムシ	4	5	4	4	4	5	3	2	2	2	1			
	センチコガネ	3	3	1	3	3	3	3	1	3	1				
	オオクロツヤヒラタゴミムシ	5	3	5	3	5	5	4	3	5	3				
	クロサビイロハネカクシ	4	3	3	3	2	4	2	1	3	1				
	チャイロツヤムネハネカクシ		4	2		1	1	3			2	1			
Ⅳa群	コブマルエンマコガネ	3	1	3	1	2	1	1			1	1	1		
	クロマルエンマコガネ	1	3	2	2	2	1	1	1	1	1	1	1		
	ゴミムシ	3	2	2	2	2	2		1		1	1	1		
	サビキコリ	2	2	1	1	1	1	1	1	1	1	1	1		
Ⅳb群	コエンマムシ	5	5	5	4	5	2	5	2	4	4	3	2		
	オオヒラタシデムシ	4	5	5	4	5	5	5	4	4	5	5	3		1
Ⅴ群	マルガタゴミムシ		1			2	1	2		1	2	2	1	1	
Ⅵ群	コゴモクムシ	1						1	1			1			
	セアカヒラタゴミムシ	1		1					1		1	1	1		
	オオヒラタゴミムシ		1									1			
	ヘリグロヒラタケシキスイ	1									1				
	クリヤケシキスイ				1				1						
	ヒメケゴモクムシ				1				1	1					
	種数合計	25	25	22	23	21	20	18	14	11	15	14	8	1	1

表中の数字は採集個体数による階級を示す

1：1～5頭、2：6～10頭、3：11～20頭、4：21～40頭、5：41頭以上

登れなくなったという事件から、キシャヤスデと名付けられたものがいる。横浜市内ではヤケヤスデという種が時々大発生して住宅に押し寄せ、駆除業者による薬剤駆除が行われている。

確かにヤスデは人にも寄生する縮小条虫の中間宿主であったり、防衛のための様々な毒や臭い体液を持っていたりするため、危険な気もする。しかし彼らを食べたり潰したりしなければ、見た目や心理的に悪影響があるだけの不快害虫であり、大抵は少し脅かせば体を丸めてじっとしている臆病者でもある。普段は落葉やそれに付着するカビを食べる落葉変換者として自然を支えており、多すぎる脚で歩くその動きを観察するのは面白い。

他に市内で薬剤駆除の対象となることがあるのは、家屋を傷めることで有名なシロアリや、怖いオオムカデであろうか。よく見るオオムカデはトビズオオムカデという種で、頭が鳶色、鳥のトビ（トンビ）の羽のような茶色い色をしていることからそう名付けられている。黄色い脚、夜行性、大きい、速い、咬まれたら痛い、などの特徴から恐れられていて、土壌動物調査時に見かけると少し身構えてしまう。にもかかわらず、一部ではペットとしての需要があるという。

怖くないムカデもいる。イシムカデはオオムカデより小さく色も地味で、めったに咬まない。ジムカデは地中を移動するためかミミズのように細長い体つきで、短い脚でゆっくり歩いている。どちらも小動物を捕食している。他に土中の腐植物質を食べるコムカデという群もいる。コムカデは見た目がムカデでも系統的にはムカデとは遠いグループとされている。

なおムカデは百足と書くが、オオムカデやイシムカデ、コムカデの脚は１００本もない。一方ジムカデは１００本以上の場合もあり、ジムカデこそ真の百足といえるのかもしれない。

クモやダニと同じ８本脚のカニムシは、カニのようなハサミを持っているところからこの名前が付いている。尻尾を付けると、サソリに似ていることから外国では「偽のサソリ」と呼ばれている。

横浜市域のさまざまな環境45か所での土壌動物調査によると（原田　１９９１ａ）、カニムシが見つかったのは、緑の多い住宅地（屋敷林）、伐跡群落、竹林、スギ人工林、落葉広葉樹林、常緑広葉樹林であるという。市街地、畑、水田、シバ草地、ススキ草地などでは確認できていない。

見つかったカニムシの種類は合計7種で、1か所から5種見つかっているところが2地点あるが、いずれも広葉樹林地である。ムネトゲツチカニムシ、チビコケカニムシ、アカツノカニムシの3種は、いろいろな環境に生息している分布幅の広い種である。メクラツチカニムシ、ミツマタカギカニムシ、オウギツチカニムシ、オオヤドリカニムシは広葉樹林からのみ見つかっている。

横浜市の陸産貝類（狩野・後藤　１９９６）によると、横浜市には21科62種の陸貝が生息しているという。その中の1種にアズキガイ（**写真2・4**）がある。

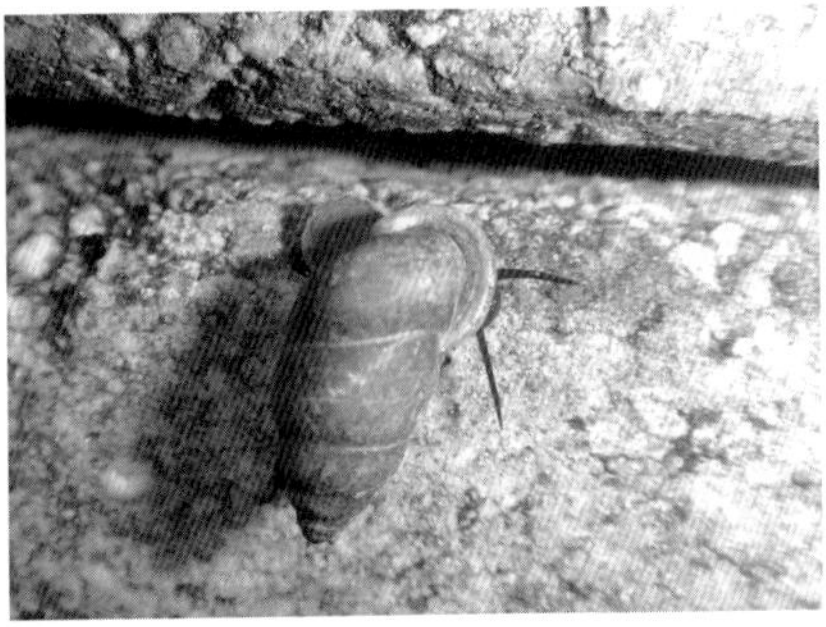

写真2.4　アズキガイ（体長10 mm）

この貝は殻高が10㎜程度の赤褐色の陸産貝類で、殻口を塞ぐ蓋がある。名前のとおり小豆に似た外観である。アズキガイの分布は本州中部（長野県・山梨県）以西、四国、九州（奏　1978）とされている。市内では泉区上飯田町でのみ確認され、雑木林内のゴミ捨て場のごく狭い範囲に群生することから人為的な移入であると考えられており、東京都内においても数カ所で確認されているという（狩野・後藤　1996）。

2012年6月には金沢自然公園内のクヌギの木の樹洞で見つかっている。道路脇の草地内にある側溝で集団越冬している様子も観察されている。

本来、自力で長距離を移動できない陸産貝類の分布拡大は、自然環境に対する人為的影響の大きさを示唆しているといえる。

3　土壌動物の群集組成

冒頭で紹介した、都筑区の港北ニュータウンの研究事例（芳村・原田　2009）から、大型土壌動物の全体像を見てみよう。

この調査は2007年と2008年の春から夏にかけて、植生と土壌動物相との比較を目的として、竹林で12地点、落葉広葉樹からなる未成熟林で5地点、成熟林5地点で行われている。結果を青木（1989）の提唱する分類群で整理し、似た組成を持つ動物群をグルーピングしたものが**表2・8**である。

まず、全く出現しなかったものが2群ある。1つは湿った暗所を好むイシノミで、原始的な生きものとされるが、ノミのようにジャンプができる。もう1つは捕食性のハサミムシである。

表 2.8 各調査地における出現動物群数および個体数（/0.3125 ㎡）（芳村・原田 2009 を改変）

	調査地	竹林												未成熟林					成熟林				
		A-a	A-b	A-c	B-a	B-b	B-c	C-a	C-b	C-c	D	E	F	G	H-1	H-2	I	J	K-1	K-2	K-3	L	M
I	イシノミ																						
	ハサミムシ																						
II	シロアリ																			○			
	ザトウムシ																	+		+	+	+	+
	ヒメフナムシ															+			+	+	+	+	+
III	ヨコエビ	+		+										○						+	+	+	+
	オオムカデ		+			+	+			+				+	+	+	+	+	+	+	+	○	+
	ガ幼虫			+							+	+	○	○	○	○	+	○	○	○	○	○	◎
IV	ゴミムシ	+		+	+	+	+			+													+
	アリヅカムシ			+			+	+			+		○				+					+	+
	ナガコムシ	+	○	○	+	+	+	+	+	+		+	+	○				+	○	○	+	+	+
	アザミウマ	+	+								+	+	+	○	+	+	○	+	○	○	+	○	○
	ダンゴムシ	○	+		+		+	+	+	+		+	+	◎	+	+		◎	◎	+	+		+
	カニムシ	○	+	○	+	+	+	+	+	+	○	+		◎	○	+	+		○	○	+	○	+
	カメムシ	+			+	+	+			+		+	+	○		+	+	+	+	+	+	+	+
	ゾウムシ	+	+	+	+		+	+	+	+	+	○			○	○	+	○	+	+	+	+	+
	ハネカクシ		+	+			+	+	+	+	+	+	+		+	+	+	+	+	+	+	+	○
	陸貝			+	+		+	+	+	+	+	○	+	○	○	○	○	○	○	○	○	○	○
V	ミミズ	○	+	+	+	+	+	+	○	○	○	○	+	+	○	+	○	○	+	+	+	+	+
	ヒメミミズ	○	◎	◎	◎	○	○	◎	◎	◎	◎	◎	◎	◎	○	○	◎	◎	○	◎	◎	○	◎
	クモ	○	○	○	+	+	+	+	+	+	○	+	○	○	○	+	○	○	◎	○	○	◎	○
	ダニ	*	*	*	*	*	*	*	*	*	*	*	*	*	*	*	*	*	*	*	*	*	*
	ワラジムシ	○	○	○	○	○	○	○	+	○	+	○	+	+	○	○	○	○	◎	◎	◎	○	◎
	ヤスデ	◎	○	○	○	○	○	○	○	◎	○	○	○	○	◎	◎	◎	◎	○	◎	◎	◎	◎
	ジムカデ	+	+	+	+	+	+	+	+	○	○	○	+	+	+	○	+	○	+	+	+	+	+
	イシムカデ	+	+	+	○	○	○	○	◎	○	+	+	+	○	+	○	+	+	○	○	+	○	+
	コムカデ	○	○	○	○	○	○	◎	◎	○	○	○	○	○	○	◎	◎	◎	◎	◎	○	○	◎
	ハエ・アブ幼虫	*	*	*	*	*	*	*	*	*	*	*	*	*	*	*	*	*	*	*	*	*	*
	甲虫幼虫	+	+	○	○	+	+	+	○	○	+	+	+	○	○	◎	○	○	○	○	○	+	+
	その他甲虫成虫	○	+	○	○	○	○	+	+	○	○	○	○	○	+	+	○	+	+	○	○	○	○
	トビムシ	*	*	*	*	*	*	*	*	*	*	*	*	*	*	*	*	*	*	*	*	*	*
	アリ	*	*	*	*	*	*	*	*	*	*	*	*	*	*	*	*	*	*	*	*	*	*
	合計個体数	296	343	312	250	166	182	414	366	358	296	365	279	468	319	367	429	531	754	534	446	485	557
	動物群数	22	21	23	21	19	24	21	20	23	21	23	22	23	22	24	23	24	25	28	27	27	29

＋：10 個体未満　○：10 個体以上 50 個体未満　◎ 50 個体以上　＊：個体数未計測（合計個体数からは除外）

シロアリ、ザトウムシ、ヒメフナムシの3群は竹林では全く出現せず、落葉広葉樹林でのみ確認されている。ザトウムシは8本脚で、一見クモに似ているが、よくみると胴部にクビレがなく、どちらかというとダニやサソリに近く、雑食性である。ヒメフナムシは海岸でよく見るフナムシの仲間で、同じように足が速く、湿った場所に多い。どちらも森林でよく見かける。

竹林で散見され、落葉広葉樹林では多く見られる群は、ヨコエビ、オオムカデ、チョウ（ガ）の幼虫である。

その他、竹林で出現頻度が高いものの落葉広葉樹林ではさらに高くなる群、全ての調査地から出現する群など多くの動物群が示されている。

竹林で少ない、または出現しない動物群は、一見湿った場所を好む群と思われるかもしれない。しかし陸貝やミミズも湿った環境を好む群であり、そう単純ではない。

竹林は、ほぼ竹しか生えていない単純な環境なこともあって、生きものの多様性は低いと考えられている。実際に地上に棲む動物は少なく、落葉広葉樹林と比較すると昆虫で1／3～1／5、クモで1／2～1／3の種数にすぎないという試算もある。しかし本研究を通じて、大型土壌動物に関しては、竹林は未成熟林に劣らない群集組成を形成し、都市域の自然を支える重要な土壌生態系である可能性が示唆されている。

そして、土壌動物は種レベルまで分類せずにこのような大まかな分類群を用いても、環境を反映した組成となる可能性が、本研究からも理解できる。詳しくは第4章で見ていくが、土壌動物のこの性質を用いた環境評価手法が提唱されている。

4　土壌動物の調査方法

土壌動物の調査方法については以下のようなものがある。

①見つけ取り法　きわめて単純な方法で、調査対象環境をひたすら肉眼で観察する。落ち葉や枯れ木、石などをひっくり返したり、土を掘ったり、草を抜いたりし、見つけた土壌動物を記録もしくは採集する。その環境にどのような土壌動物がいるかを定性的に評価することができるが、個体数や重量など定量的な評価はできなかったり、調査者の技量が反映されたりする欠点がある。複数個所で調査する場合は時間を決めて行うとよい。今回紹介した調査では、大野ほか（２００４）のアリ研究の一部で用いられている。

②ハンドソーティング法　調査対象環境から一定量の土壌を掘り取って、その中から肉眼で見つけた動物を採集するという方法である。枠の大きさは20㎝四方、25㎝四方、50㎝四方などを用いることが多く、深さは10㎝～30㎝である。数反復するとよく、定性的・定量的調査が可能となるが、やや労力を要する上に、動きの速い動物に逃げられるリスクもある。この方法はほとんどの土壌動物調査で用いられている。

③ピットホールトラップ法　調査対象環境に落とし穴を作り、そこに落ちた動物を調査する方法である。プラスチックコップなどツルツルしていて登りにくいものを、上向きに地面すれすれに埋め、

雨よけをつけ、時間を決めてひたすら待つ。地表を動き回る動物の調査に向いている。捕食性の動物が落ちると他の動物を食べてしまう可能性があるため、頻繁に確認するか、中に殺虫液を入れておくとよい。

④ベイト・トラップ法　調査対象地に調査対象動物の好むエサを置き、それに群がる動物を調査する方法である。大野ほか（2004）のアリ研究ではハチミツが用いられ、伊藤・青木（1983）の甲虫調査では黒ビールとコーラを1：1に混合したものや、鶏ひき肉を腐敗させたものが用いられている。

⑤その他の方法　細かくあげればきりがないが、第3章で詳しく紹介しているツルグレン法の網目の大きさを変えて大型土壌動物に応用する方法や、羽化してくる動物群を捕まえる羽化トラップ法などもある。もしも土壌動物調査に本格的に興味が出てきたら、各種調査方法が詳しく紹介されている『土壌動物学への招待』（日本土壌動物学会編 2007 東海大学出版会）を一読することをお薦めする。

なお、ストローの口より小さいような土壌動物を捕まえる際には「吸虫管」という道具を使うと便利である。これは人が息を吸い込む力によって虫を捕まえる道具で、インターネット上でも販売されており、ペットボトルやストローを用いて簡単に作ることもできる。作り方はインターネット上に出ているので割愛する。

⑥採集後の保存方法　大抵の土壌動物は、密閉できるビンを用いて70〜80％程度のエタノール（エチルアルコール）に浸けておけば問題なく保存ができる。これは薬局やインターネット上などで簡単に

購入できる。ただしＤＮＡ解析を依頼する場合は99・５％無水エタノールを用いる必要がある。

有害なホルマリン（ホルムアルデヒド水溶液）漬けにする方法もあるが、廃液処分の問題もあるのでおすすめできない。甲虫だけなら乾燥標本にしてもいい。長期保存を前提とせず遊びでやってみるのであれば、スズメバチの焼酎漬けを作るのと同じように35％ホワイトリカーを用いてもよいだろう。

第3章　ササラダニ

皆さんはササラダニというダニをご存知だろうか。最近、中学校や高等学校の教科書には、課題研究としてササラダニの調べ方とともに写真も載るようになっているが実際にササラダニを観察したことのある方はどのくらいいるだろうか。土の中にいるダニなので、観察するためにはいくつかの道具と工夫が必要である。しかし、一度観察してみると、そのかわいさに必ずやその虜になってしまうだろう。この章は横浜市に生息しているササラダニについての話である。

1　ササラダニとは何か？

ササラダニはダニの仲間なので、昆虫とは身体の作りにおいて大きな違いがある。昆虫の身体は頭部・胸部・腹部の3つに分けられ、多くは1対の複眼と触角、2対の羽根を持つが、ダニには頭胸腹の区別がなく複眼も触角も羽根もない。また昆虫は3対、ダニは4対の脚を持つのが一般的である。ダニと同じ4対の脚を持つクモの身体は、腹部は区分されるが頭と胸の境がないのでダニとは明らかに異なる。

ダニ類（ダニ目）は、現在一般的に認められている分類によれば、気門の位置、歩脚の爪の数、背毛の数などの違いから、アシナガダニ亜目、カタダニ亜目、マダニ亜目、トゲダニ亜目、ケダニ亜目、ササラダニ亜目、コナダニ亜目に分けられ、日本ではアシナガダニ亜目とカタダニ亜目を除く5亜目が知られている。さらに、本書の対象である土の中にはマダニ亜目以外の4亜目が、通常、個体数の多い順にササラダニ亜目、トゲダニ亜目、ケダニ亜目、コナダニ亜目が生息している。顕微鏡で観察できるそれぞれの形態的特徴は次のようなものである。

(1) ササラダニ亜目（口絵⑧⑨）

体長は0・2～1・5㎜、体色は黒褐色～赤褐色で身体が硬く、コウチュウダニとも呼ばれてきた。種類によっては白色でやわらかな身体のものもいる。空気を体内に取り入れる明瞭な気門はないが、体表にはごく細かな穴が集合した背孔などの構造があり、そこから空気を取り入れている。もっとも特徴的なものは、体の前方両側に胴感盃《どうかんはい》と呼ばれる碗状の構造物があり、そこから胴感毛と呼ばれる感覚毛を出していることである。ササラダニという名前は、この胴感毛の形が調理器具であるササラに似ていることからつけられたと言われている。ササラとは、竹の先を細かく割って束ねたもので、中華鍋を洗うのに用いるものである。歩脚の尖端には爪があり、その数が前方の第Ⅰ脚から後方の第Ⅳ脚まで1－1－1－1のものと3－3－3－3の場合があるが、種類によっては2－2－2－2、さらには各脚の数に違いがある。

ササラダニについては、この後の実例でいろいろな解析が行われるのでもう少し詳しく解説しておく。

ササラダニは世界でどのくらいの種類がいるか。いまだ、毎年多くの新種が報告されているので、全部では10万種くらいになるのではないかと考えられている。日本でも現在約850種が記録されているが、まだまだ増えるのは間違いない。このように多種多様なササラダニは、形態的な違いから大きくM群（生殖門と肛門が接した接門類）、G群（生殖門と肛門が離れ、翼状突起がない無翼類）、P群（生殖門と肛門が離れ、翼状突起を持つ有翼類）に区分され、この3群の構成比がよく群集構造の解析に用いられる。生活環を見ると、ササラダニは卵―幼虫―第一若虫《わかむし》―第二若虫―第三若虫―成虫の順に発育し、幼虫は脚が3対なので区別は容易である。若虫以後は脚が4対になるが、若虫の身体はクチクラ（体長をおおう上皮がかたい膜をもつ）の発達が弱く軟弱なので成虫とは異なり、生殖門内部に存在する生殖乳頭の数が第一若虫には1対、第二若虫には2対、第三若虫には3対あることから容易に区別できる。ただ、G群とP群の幼虫と若虫は成虫とはおよそ似つかない姿形なので、親子関係が明瞭でない種類が多いのが実情である。

ササラダニはその多くが落ち葉などの植物遺体を食べて粉砕しているので、自然界では物理的分解者の役割を果たしていることになる。粉砕されて排出された糞は化学的分解者であるバクテリアやカビ・キノコによって無機物に戻される。また、ササラダニはこの化学的分解者であるカビやキノコを食べることによって分解速度を増進させることにも大きく貢献する。このような食性なので、ササラダニは腐植物やカビなどがあればどこにでも生息が可能で、これまでに、世界中の研究者によって、熱帯から極地の森林や草地の土壌はもちろん、樹木の幹や枝、湿原、噴気孔周辺、街路樹の植栽枡内、駅のプラットホームや歩道橋のコケまで、最近では湖に生育している水草や、尾瀬ヶ原では積もった雪の中からも見つけ出されている。海水からの報告はないが、海岸に打ち上げられて乾燥した海藻からは見つかっている。もちろん得られる種類は環境に応じて違っている。

(2) トゲダニ亜目

体長は0・5〜1・0㎜。体は茶褐色の肥厚板におおわれている。気管が第Ⅱ、Ⅲ脚の外側を回り、第Ⅲ、Ⅳ脚の付け根付近に開いているのが特徴である。歩脚の爪数は2－2－2－2で、胴感毛はない。土壌中ではトビムシ、線虫、ハエの卵や幼虫などを食する捕食性のダニである。

(3) ケダニ亜目

体長はごく小さいものから肉眼でも見ることができるものまで、体色も派手な赤、緑、黄色から白、褐色、黒、青色まで実に様々である。多くの種は身体がやわらかいが、なかには鎧のような堅い体で覆われているものもいる。胴感毛を持たない種類も多く、歩脚の爪数は2－2－2－2である。春先に、コンクリート上を這いまわる真っ赤なダニ（タカラダニ）、ツツガムシ病の病原菌であるリケッチアを媒介するダニであるツツガムシはこの仲間に入る。一方、リンゴやミカン、ホウレンソウなど多くの植物を加害して損害を与えるハダニもこの仲間である。

(4) コナダニ亜目

体長0・3～0・8㎜の白っぽいダニで、身近なコナダニとしてはアトピー性皮膚炎のアレルゲンを分泌するヒョウヒダニや、畳に大発生するものが知られている。歩脚の爪数は1－1－1－1で、体の後部に長毛を有するものもある。第二若虫は複雑な吸盤を持ち他の節足動物に吸着して移動する。

2　ダニ類の観察法

このように、土の中にいるダニ類はいずれも体が小さく、肉眼で観察することはとてもできない。観察するためには3つの道具が必要である。それは、土の中からダニを抽出するためのツルグレン装置、詳しく観察するための生物顕微鏡、そして生物顕微鏡で観察するためにはダニを封入したプレパラートを作らなければならないので、その時に用いる実体顕微鏡である。観察までの過程と3つの道具の使い方は以下のとおりである。

(1) 土壌の採取

調査は、目的によって定性調査と定量調査に大別され、土壌の採取の仕方が違う。**写真3・1**は土壌採取に用いる主な用具である。定性調査では、その場所にどのようなダニが生息しているかを調べるので、調査地にあるさまざまな地表物(落葉、落枝、落果、腐植堆積物、土壌等)を1～3ℓ採取する。定量調査では、単位面積あたりの密度を調べるので、通常は面積20㎠(4×5㎝)、場合によって

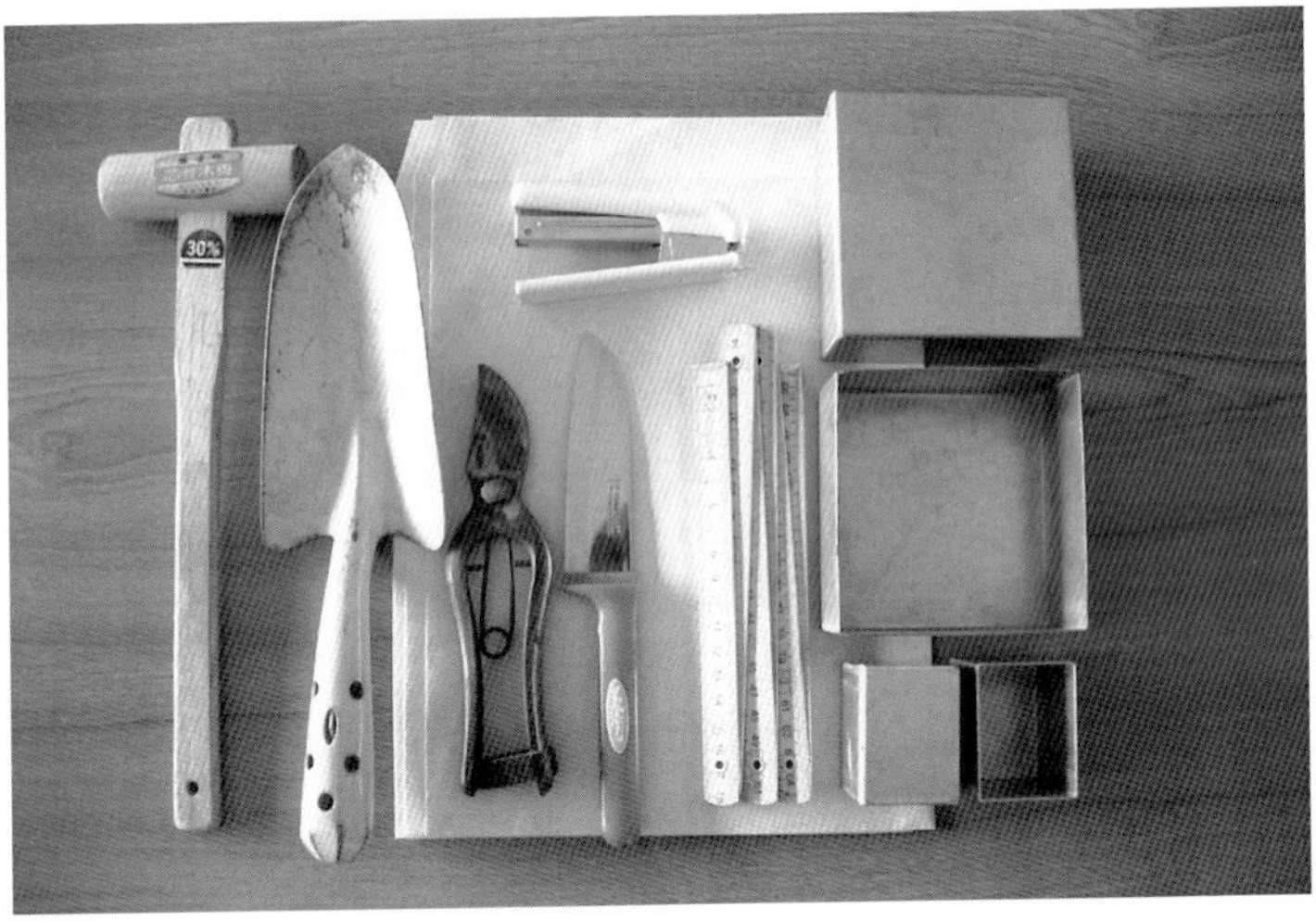

写真3.1　ササラダニを採集するための用具（口絵⑦参照）

は100㎠（10×10㎝）の土壌サンプラーを土壌表面から打ち込み、根堀などで掘り取って採取する。深度分布を調べるときは5㎝毎に20～30㎝の深さまでの土壌を採取する。採取した土壌試料は紙袋に入れて持ち帰る。ポリ袋のような気密性の高い袋に入れると、内部で発生した有害な気体によって動物が死亡したり、水蒸気が凝結してそこに動物がひっかかってしまうので、それを防ぐためである。暑い日はさらに、蒸れを防ぐためにこの紙袋をクーラーボックスに入れて持ち帰るとよい。

(2) ダニの抽出

ダニ抽出の道具であるツルグレン装置（**図3・1**、**写真3・2**）は市販されているが、簡単に自分で作ることもできる。原理は、土壌に生息している動物は乾燥や高温を嫌うので、**図3・1**に示すように、採取した土壌を2～5㎜メッシュのふるいの上に広げ、その上から電球を照らすと土壌中から動物が

写真3.2　当時のササラダニ調査で使用していたツルグレン装置(青木式)

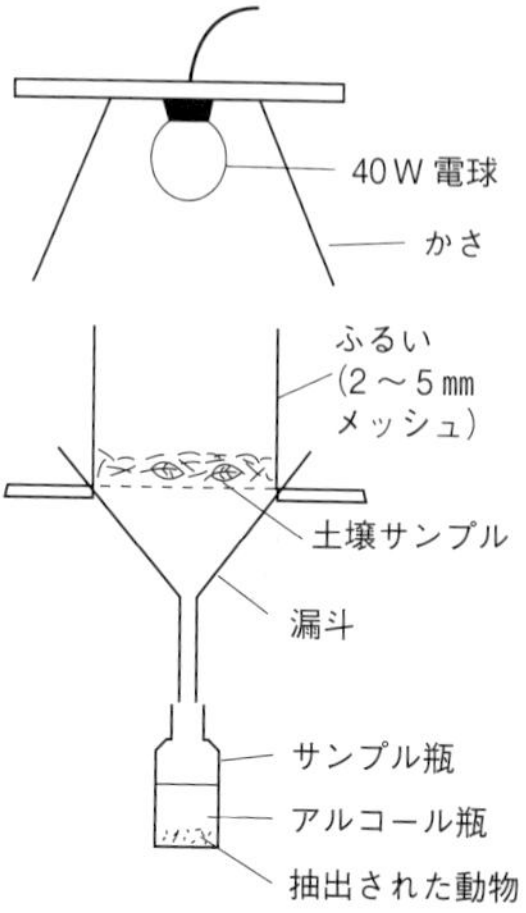

図3.1　ツルグレン装置の構造

網を抜けて出てくるので、それをアルコールの入った瓶に集めるというわけである。自分で作る場合は、ふるいはザル、ロートは大型のカレンダー紙を丸めたものでも代用でき、これらを段ボールの箱に取り付ければ簡便なツルグレン装置になる。その上からZライトなどで照射すればよい。ツルグレン装置の漏斗・円筒の大きさは投入する土壌の量によって異なるが、投入した土壌が厚くならないようにする。抽出時間は3日ほど、湿り気の強い土壌では7日かける場合もある。電気を使えない場合などは、紙製封筒と使い捨てカイロを用いた簡易型ツルグレン装置も考案されている(Fukuyama 2008)。

(3) プレパラートの作成

ツルグレン装置で抽出した試料には、ダ

ニ以外にトビムシやムカデ、ヤスデ、アリなどとともに、土や腐植物の破片などが入っているので、対象物だけを取り出してプレパラートを作る。時間がかかり根気のいる作業になるが、音楽でも聞きながら進めるとよい。

①まず、抽出し終えた瓶に蓋をして強く撹拌《かくはん》してからその中身をシャーレに移す。瓶の壁に付着した動物がいるので、アルコールを入れた洗瓶を使って洗い出す。そのシャーレを倍率20倍くらいの実体顕微鏡で覗きながら、はじめに大きなごみや土をピンセットやスポイトで取り除く。

②次に、いよいよ対象物をスライドガラス上に移す作業、ソーティングになるが、まずは特に大きな動物（コウチュウの成虫と幼虫、ミミズ、アリ、ムカデ・ヤスデ、ワラジムシ・ダンゴムシなど）を別の瓶に移してからすべての動物をソーティングしていく。動物の大きさに応じて太さの違うスポイトを使い分け、1個体あるいは数個体ずつ取り出す。ある程度取り出すと、スライドガラスはアルコール液でいっぱいになるので、スポイトで余分なアルコールを取り除く。この作業を繰り返してシャーレ内の動物すべてをソーティングする。

③ソーティングが終わると、動物をスライドガラスの中央に寄せてアルコールをきれいに吸い取り、その上からガム・クロラール液を滴下しカバーガラスをかけて集合プレパラートとする。その際、動物が重なったりしないように、あまり横向きにならないように注意する。横を向いた場合には、カバーガラスの上からピンセットや柄付き針の頭でかるくたたいてやるともどる場合がある。カバーガラス全体にガム・クロラール液が満たない場合は、周辺から液を補充する。

④封入された動物はガム・クロラール液によって身体が透過され、細かな構造が観察できるようになる。顕微鏡で観察するまでには、封入液に含まれる水分が蒸発してカバーガラス内に空気が入り込んでくるので、そこに新たなガム・クロラール液を補充しながら1週間ほど管理し、その後も時々様子をみる。封入直後、プレパラートを40～50℃のホットプレートで数日間温めればこの期間を短縮できる。完成したプレパラートは、その後の乾燥を防ぎ、長期保存するためにもカバーガラスの周囲をマニキュアで封入しておくとよい。

ガム・クロラール液は市販もされているが、その作り方は次のとおりである。抱水クロラール30gを少しずつ乳鉢に入れて乳棒で細かく砕く。そこにアラビアゴム粉末8gと蒸留水10mℓを少しずつ加え乳棒でかき混ぜながら溶かす。さらに氷酢酸1mℓとグリセリン2mℓを加えてかき混ぜる。その溶液を吸引ろ過するか、数か月間放置した後、上澄み液を封入液として用いる。ガム・クロラール液はバルサム瓶(細いガラス棒のついた蓋つきガラス容器)に入れて使うと、プレパラート作成の際に便利である。

(4) 検　鏡

プレパラートが完成したら生物顕微鏡で観察し、動物名を調べる。倍率は×100と×400があれば間に合う。専門的に観察するときは油浸レンズを用いた×1000が必要になる。最近は走査型顕微鏡を用いた観察も多くなってきた。観察は最初から精査するのではなく、一度プレパラート全体をながめてどんな種類がいるかを確認し、さらに判別が難しい個体については簡単なスケッチをしておくと後で役立つ。

3　横浜市のササラダニ

ササラダニは土やコケさえあればどこにでも生息していると述べてきた。横浜市は我が国第2の大きな都市とはいえ、森林も草原も果樹園も畑も水田もあり、実に多様な環境から成り立っている。このような横浜市にどんなササラダニが生息しているか、これまでに行われたいくつかの調査例をもとに話を進める。

紹介するいずれの調査も、現地では20㎠（5×4㎝）または100㎠（10×10㎝）のサンプラーを地表面から打ち込んで土壌を採取、場合によっては合わせて定性用土壌試料を1〜3ℓ採取して研究室に持ち帰っている。そして、その土壌をツルグレン装置に投入し、40W電球を3日間照射して動物を抽出し、プレパラートを作成した後に生物顕微鏡で成虫の種名を調べた。幼若虫は同定が困難なので、一括してその個体数を算定し、他のダニについては必要に応じて基本的には亜目レベルで個体数を算定した。

(1) 横浜市における土壌ダニ相の概要

まずは、横浜市の代表的植生域に生息しているササラダニから紹介する。この調査は、青木ほか（1977）によって、神奈川県に見られる代表的な植生域内から人為的影響の異なる立地を選び、ササラダニ群集と各種の植生との関連を追及することを目的に行われたもので、ここでは、横浜市内のイノデ－タブノキ群集域とヤブコウジ－スダジイ群集域における自然林、二次林、草原、裸地の四つの植生タイプ（**表3・1**）のササラダニ相について述べる。

図3・2は、自然植生から裸地に至る2つの植物群集域における、植生の変化にともなう土壌中のササラダニ群集の諸性質の変化をまとめて示したものである。

①ササラダニ個体数　成虫と幼若虫の個体数を1㎡あたりの個体数として示したものである。イノデ－タブノキ群集域では自然林で最も個体数が多く、人為的影響が強くなるほど個体数が減少している。一方、ヤブコウジ－スダジイ群集域で最も個体数が多いのは二次林で、草原が続き自然林の個体数より多い。しかし、両群集域も裸地での個体数は極めて少ない値である。

②ササラダニ種数　この種数は定量・定性両方の土壌試料から得られた成虫の種数をまとめたものである。両群集域とも自然林～草原の区域では25～39種で推移しているが、裸地ではイノデ－タブノキ群集域ではわずかに4種、ヤブコウジ－スダジイ群集域では0である。

ササラダニ個体数と種数は、自然林が必ずしも最も優勢ではなく、二次林や草原でも高い値を示すことがあることを示している。

③ササラダニ指数　これは、得られたダニ類全体の中でササラダニ類が占める個体数パーセントを示したものである。土壌中に生息するダニ類はササラダニ亜目、トゲダニ亜目、ケダニ亜目、コナダニ亜目から成り立ち、ササラダニ類は植物遺体の分解者なので、この指数は植物遺体を栄養源とするものがどのくらいの割合で含まれているかを示すことになり、同時に、その環境の貧化の程度を示す

表 3.1　横浜市の 2 つの植物群集域における調査地点の植生単位（青木ほか 1977）

	自然林	二次林	草　原	裸　地
イノデ−タブノキ群集域	イノデ−タブノキ群集（横浜市善光寺）	エノキ−ミズキ群落（横浜市善光寺）	クズ−ススキ群落（横浜市汐見台）	オオイヌノフグリ−アレチマツヨイ群落（横浜市汐見台）
ヤブコウジ−スダジイ群集域	ヤブコウジ−スダジイ群集（横浜市富岡町）	オニシバリ−コナラ群集（横浜市富岡町）	アズマネザサ−ススキ群集（横浜市汐見台）	メヒシバ−イヌビエ群落（横浜市汐見台）

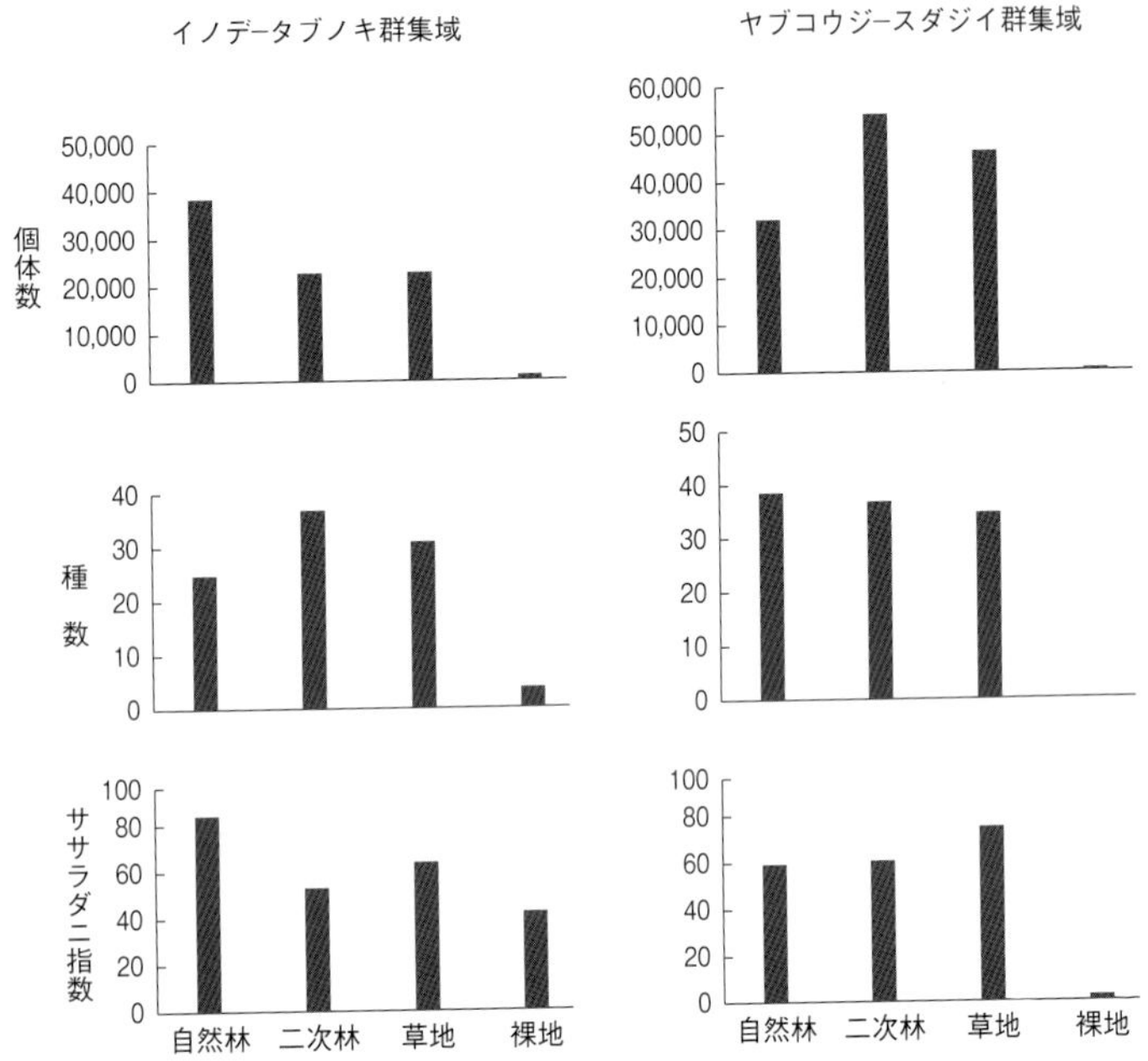

図 3.2　2 つの植物群集域におけるササラダニの個体数、種数およびササラダニ指数の変化

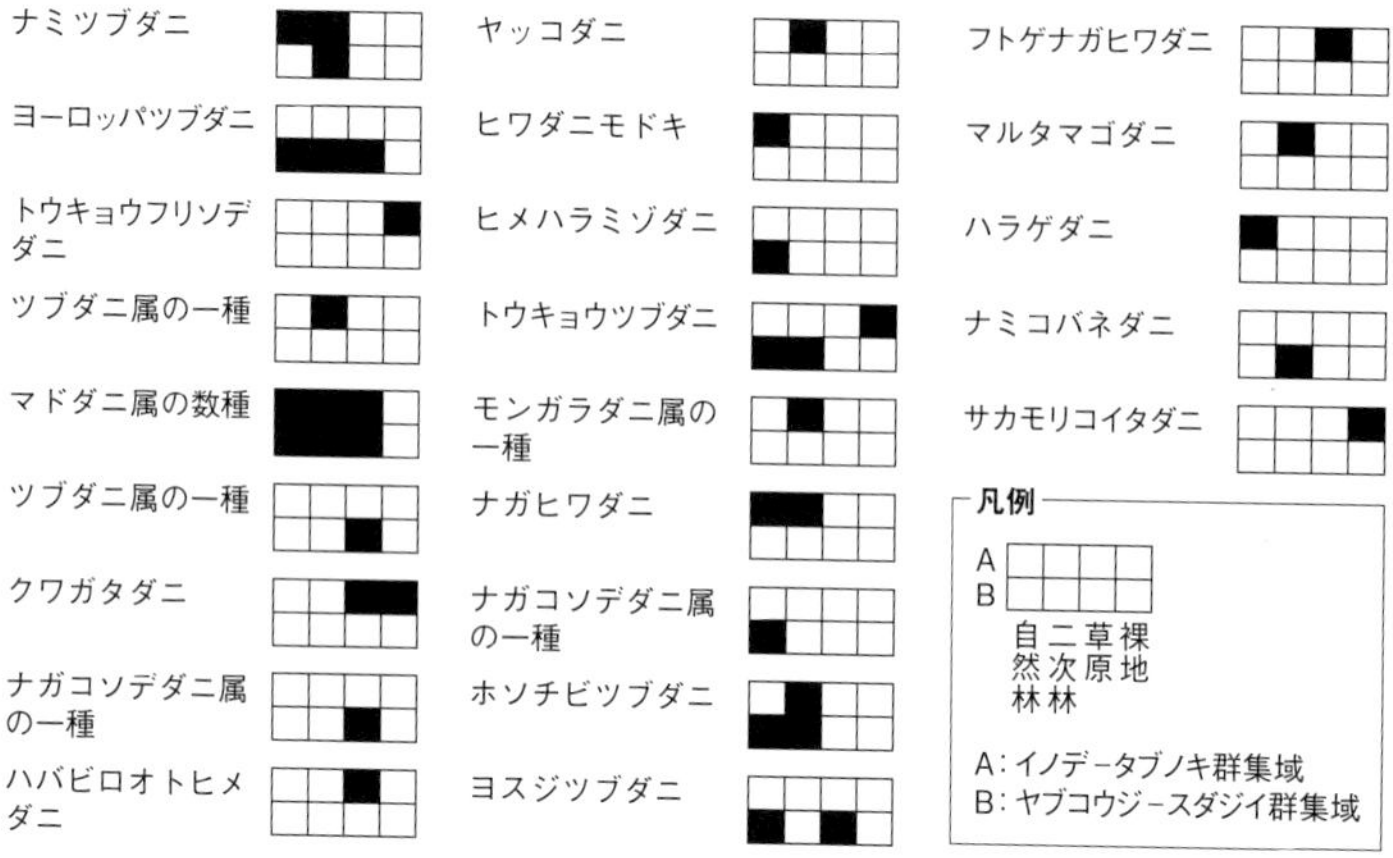

図3.3　優占種となったササラダニ各種の各植生単位への配分状態
（青木ほか 1977）

ことにもなる。この調査では、自然林と二次林、草原ではすべて50％を超えるのに対し、裸地では50％を超えることはなく、特にヤブコウジ－スダジイ群集の裸地では2・9％という極めて低い値であった。この結果は、裸地の自然度が極めて低いということを裏付けるものである。

④優占種　それぞれの植生単位下において、どのようなササラダニ種が多数出現するかを比べている。2つの植物群集域の4つの植生域において、それぞれ全個体数の5％を超えるものを優占種としてまとめると**図3・3**のようになる。ただし、ヤブコウジ－スダジイ群集域の裸地では、確認できたササラダニ種はいない。

優占種は2地域で合計23種、2地域の共通優占種はナミツブダニ、マドダニ属、ホソチビツブダニ、トウキョウツブダニ（**口絵**⑧⑨）の4種である。しかし、これら優占種は2つの群集域でわずか1つや2つの植生地での優占種であり、地域や植生タイプとの明瞭な関連性を示すことはない。この調査は、川崎市のシラカシ群集域と箱根山のヤマボウシーブナ群集域を含めた神奈川県下の4つの主要自然林域を対象にしたものであるが、やはり優占種と植生型との間には問題にすべき関係は見いだせなかったと結論づけられている。そしてその原因は、優占種となった種の多くは分布範囲の極めて広い種、環境の変化に対して広い適応力を持つ種から成り立っているので、植生域の違いや人間の影響の大小といった変化に対して鈍感であり、指標種としての資格を持たないためだと説明されている。

(2) 小面積内の様々な植生地のササラダニ

次に、対象面積を小さくして、同じ土地条件内にみられる様々な植生とササラダニ相がどのような関係にあるかを調べた調査を紹介する。

その1つは、横浜国立大学構内での調査である。横浜国立大学は、かつてゴルフ場として利用されてきた場所に建設されたのだが、校舎建築工事に関してもそれまでの地形や植生を生かし、必要最小限破壊されたに過ぎない。さらには空き地の多くに環境保全形成のためにタブノキ、クスノキ、シラカシ、アラカシなどの常緑広葉樹のポット苗が植栽されたので緑地面積はますます拡大した。原田ほか（1977）は、大都市の中にありながら自然環境に恵まれた当大学構内において15の異なる植生下のササラダニ群集を調べ、土壌動物学的観点から大学構内の自然環境を考察している（**表3・2**、**写真3・3**）。

15の調査地は、一年生雑草群落から草丈の高い多年生のススキ群落までの草本植物群落（調査地点Y

表3.2　横浜国立大学構内調査地点の植生とササラダニ群集の構造（原田ほか 1977）

	調査地点	植　生	ササラダニ種　数	ササラダニ個体数/m²	ササラダニ指　数
A	Y-1	メヒシバ－ブタクサ群落	6	2,280	23.0
	Y-2	スギナ群落	6	200	33.3
	Y-3	シバ群落	5	8,400	51.9
	Y-4	シロツメクサ群落	8	45,700	61.0
	Y-5	ヨモギ－アレチマツヨイ群落	12	10,600	56.1
	Y-6	セイタカアワダチソウ－ススキ群落	23	19,900	65.2
	Y-7	トダシバ－ススキ群落	25	27,200	資料欠如
B	Y-8	スズメノヤリ－クロマツ群落	33	25,840	75.6
C	Y-9	ヒノキ－サワラ植栽林	34	65,200	72.2
	Y-10	スギ植林	32	6,900	70.4
	Y-11	エゴノキ－ミズキ群落	35	24,720	82.2
	Y-12	スダジイ群落	36	37,200	79.1
	Y-13	クスノキ植林	43	24,800	67.2
	Y-14	アカマツ植林	41	58,000	75.8
	Y-15	アズマネザサ－コナラ群落	41	11,600	70.3

A：草本植物群落、B：A･Cの中間的な植生、C：下草刈りや落ち葉かきなどが行われていない樹林

－1～Y－7）と、下草刈りや落ち葉かきなどが行われていない樹林（調査地点Y－9～Y－15）および両者の中間的な植生（Y－8）に大別される。

①種数と個体数　各地点から得られたササラダニ種数は5～43種で、最も多かったのはクスノキ植林（Y－13）である。他の樹林でも33～41種が得られ、草本植物群落（A）の6～25種に比べると明らかに多く、樹林のササラダニ相は多様性に富むことがわかる。1㎡あたりのササラダニ個体数は200～65000個体で、総じて草本植物群落で低く、樹林で高い傾向を示すが、シロツメクサ群落で樹林を凌駕したり、スギ植林で極めて低かったりと、植生区分で単純に決まるものではない。ササラダニ種数はその立地の植物群落の構成種が多いほど増加することが指摘されているが、今回の調査からは、植生高が高くなるほどサ

スギナ群落

ヨモギ–アレチマツヨイ群落

トダシバ–ススキ群落

スズメノヤリ–クロマツ群落

クスノキ植林

スダジイ群落

写真3.3　横浜国立大学構内の調査地

サラダニ種数が増加する傾向が認められた。

②　**ササラダニ指数**

先の調査例でも述べたが、この指数はダニ目全個体数に対するササラダニ個体数の割合を表したもので、その地点の自然度を測る指標に使うことができる。50％を割ったのは草本植物群落の2地点で、樹林ではいずれもが65％以上、自然度が高いといえる。ちな

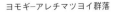

みに、最も高いササラダニ指数を示したエゴノキ－ミズキ群落とスダジイ群落は、調査対象地内で植生自然度の最も高い林分である。

③ササラダニ種組成からの解析　優占種に基づく植生との関係解析からは、前述の調査同様に明瞭な結果が得られなかったので、ササラダニ群集の分析に植物群落分類に用いられる手法を応用してみた。その手法とは、ササラダニ群集を構成するすべての種に同じ重みを置いて種組成表にまとめ、出現種の有無を重視した質的・全体的な比較検討から特徴的な結びつきを示す種群を浮かび上がらせることである。その結果、横浜国立大学構内のササラダニは植生の相観や形態と関係を示す種群（Ⅰ群）、様々な植生域にまたがって広く出現する種群（Ⅱ群）、および1地点にしか出現しなかった種群（Ⅲ群）に区分された（**表3・3**）。それぞれの特徴は次のとおりである。

植生の相観や形態と関連を示す種群（Ⅰ群）

得られた全出現種数の約1／3にあたる36種がこのⅠ群に含まれるが、さらに4つの小グループに細分された。

Ⅰa　**草本植物群落に生息の中心を持つササラダニ種群**：　定期的な刈り込みや踏圧などの人為的影響によってシバ、シロツメクサ、ヤハズソウなど草丈の低い植物からなる草地や、草丈の高いススキ草原などの草本植物群落は、森林植物群落に比較して落葉堆積物が少なく、地表面は乾燥している。また、地表面の温度差も大きく、林内ほど安定したおだやかな環境を形成することができず、ササラダニの生息環境としては厳しいものがある。この草本植物群落を中心として不

表 3.3 横浜国立大学構内のササラダニ類組成表(原田ほか 1977 を改変)

調査地番号	Y-1	Y-2	Y-3	Y-4	Y-5	Y-6	Y-7	Y-8	Y-9	Y-10	Y-11	Y-12	Y-13	Y-14	Y-15
Ia 群															
オトヒメダニ属の一種	·	+	·	1	2	4	4	3	4	·	·	·	·	·	·
ハバビロオトヒメダニ	·	+	·	·	4	5	1	5	·	·	·	·	·	·	·
ツブダニ属の一種	·	·	·	5	·	1	5	·	3	·	·	·	·	·	·
ツノコソデダニ	·	·	5	·	·	1	2	2	·	·	·	·	·	·	·
マガタマオトヒメダニ	·	·	·	5	·	2	·	·	3	·	·	·	·	·	·
ネンネコダニ	·	·	·	1	·	·	1	3	·	·	·	·	·	·	·
クモガタダルマヒワダニ	·	·	1	·	·	5	1	·	·	·	·	·	·	·	·
Ib 群															
ツブダニ属の一種	·	·	·	·	+	5	1	·	5	4	+	2	2	2	4
ヒメヘソイレコダニ	·	·	·	·	1	+	·	3	4	2	1	2	1	4	2
ヤマトクモスケダニ	·	·	·	·	+	2	·	1	1	1	+	2	+	3	2
マドダニ属の数種	·	·	·	·	·	+	3	3	5	3	5	5	5	5	4
ヒメハラミゾダニ	·	·	·	·	3	·	3	4	5	4	5	·	3	5	1
コンボウオトヒメダニ	·	·	·	·	·	·	5	3	5	2	·	2	1	4	2
ナガコソデダニ属の一種	·	·	·	·	·	·	3	1	3	1	4	·	5	·	+
カゴメダルマヒワダニ	·	·	·	·	·	·	2	1	2	·	·	5	2	3	·
マルタマゴダニ	·	·	·	·	·	1	·	·	1	+	3	5	·	·	2
Ic 群															
ホソチビツブダニ	·	·	·	·	·	·	·	3	5	2	5	5	2	5	5
ツノジュズダニ科の数種	·	·	·	·	·	·	·	+	2	+	2	+	3	4	+
フトゲナガヒワダニ	·	·	·	·	·	+	·	3	5	+	2	5	5	4	+
ツブダニ属の一種	·	·	·	·	·	·	·	3	2	·	3	2	1	2	4
ハラゲダニ	·	·	·	·	·	·	·	·	5	1	5	1	3	5	4
ヒメナガヒワダニ	·	·	·	·	·	·	·	1	3	+	3	·	·	5	3
ヤッコダニ	·	·	·	·	·	·	·	·	1	·	·	1	4	4	3
ヨーロッパツブダニ	·	·	·	·	·	·	·	·	5	·	·	5	+	1	1
オオハラミゾダニ	·	·	·	·	·	·	·	2	·	·	·	2	1	+	+
ナガコソデダニ属の一種	·	·	·	·	·	·	·	2	+	·	·	·	3	·	1
Id 群															
フトツツハラダニ	·	·	·	·	·	·	·	·	·	2	3	2	5	5	1
ヒョウタンイカダニ	·	·	·	·	·	·	·	·	·	+	+	2	+	+	·
ナカタマリイブシダニ	·	·	·	·	·	·	·	·	·	·	+	+	2	1	+
ヤマトモンツキダニ	·	·	·	·	·	·	·	·	·	+	1	2	·	2	·
タモウツブダニ	·	·	·	·	·	·	·	·	·	·	·	+	3	1	+
マルコソデダニ	·	·	·	·	·	·	·	·	·	+	·	+	+	·	·
ヒメリキシダニ	·	·	·	·	·	·	·	·	·	1	·	·	·	2	1
キュウジョウコバネダニ	·	·	·	·	·	·	·	·	·	1	·	·	·	1	+
チビゲダルマヒワダニ	·	·	·	·	·	·	·	·	·	·	·	5	2	·	+
ナミダルマヒワダニ	·	·	·	·	·	·	·	·	·	·	·	·	4	1	2
Ⅱ群															
クワガタダニ	3	1	3	5	5	5	5	5	5	3	4	4	3	+	1
ナミツブダニ	1	·	·	2	1	5	5	5	2	+	3	2	4	5	3
ヨスジツブダニ	1	·	·	·	·	·	2	1	5	+	4	2	3	5	+
トウキョウツブダニ	1	+	·	·	·	2	4	5	·	2	4	·	·	5	2
チビゲフリソデダニ	1	·	4	1	2	5	·	2	·	·	·	·	4	·	·
他に 21 種															
Ⅲ群															
ウスギヌダニ	·	·	·	·	·	·	5	·	·	·	·	·	·	·	·
マツバヤシダニ属の一種	·	·	·	·	·	·	·	3	·	·	·	·	·	·	·
ハナビライレコダニ	·	·	·	·	·	·	·	·	·	·	·	·	3	·	·
ナミコバネダニ	·	·	·	·	·	·	·	·	·	·	·	·	·	4	·
他に 28 種															

表中の数字は生息密度を5段階に分けて表示したもの。+は定性用サンプルにのみ出現したことを示す
1 : 100 cm^2 当たりの個体数が 1.0 個体以下、2 : 3.0 個体以下、3 : 5.0 個体以下、4 : 10 個体以下、5 : 10.1 個体以上

完全な林分まで生息するものとして以下のササラダニ種が区分されている。

オトヒメダニ属の一種、ハバビロオトヒメダニ、ツブダニ属の一種、ツノコソデダニ、マガタマオトヒメダニ、ネンネコダニ、クモガタダルマヒワダニ

Ib

草丈の高い草本植物群落から森林群落まで広く生育する種群：　草丈の低い草本植物群落やタブノキ、クスノキ、シラカシなどの苗木を植栽した立地には出現せず、アレチマツヨイ、セイタカアワダチソウ、ススキなど草丈が1m以上の草本植物群落から樹高20mにいたる森林群落まで広く生息する種群。

ツブダニ属の一種、ヒメヘソイレコダニ、ヤマトクモスケダニ、マドダニ属の数種、ヒメハラミゾダニ、コンボウオトヒメダニ、ナガコソデダニ属の一種、カゴメダルマヒワダニ、マルタマゴダニ

Ic

樹林下に生息するササラダニ種群：　トダシバ−ススキ群落までの草本植物群落にはほとんど出現せず、森林内や樹高5m以上の樹木が単木的に生育する立地に認められる種群である。スズメノヤリ−クロマツ群落（Y−8）とヒノキ−サワラ植栽林（Y−9）は樹林としては極めて不完全な形態（二層群落）を持ち、草本植物群落から森林群落への移行帯にあたるため、Iaグループのササラダニも見られる。このIcグループに含まれるのは以下の種群である。

ホソチビツブダニ、ツノジュズダニ科の数種、フトゲナガヒワダニ、ツブダニ属の一種、ハラゲダニ、ヒメナガヒワダニ、ヤッコダニ、ヨーロッパツブダニ、オオハラミゾダニ、ナガコソデダニ属の一種

Id

森林に出現するササラダニ種群：　草本植物群落にはどこにも出現せず、植林や二次林などの森林

形態をもち、かつ面積的にも広がりのある植生域にのみ生息する種群である。Icグループより草原要素の少ない森林下にみられるササラダニ群であり、次の10種が入る。

フトツツハラダニ、ヒョウタンイカダニ、ナカタマリイブシダニ、ヤマトモンツキダニ、タモウツブダニ、マルコソデダニ、ヒメリキシダニ、キュウジョウコバネダニ、チビゲダルマヒワダニ、ナミダルマヒワダニ

様々な植生域にまたがって出現するササラダニ種群（Ⅱ群）

特定の植生と何ら結びつきを持たず、全調査地にわたり広く、またはバラバラに出現した26の種群である。調査地15地点の50％以上に出現したのはクワガタダニ、ナミツブダニ、ヨスジツブダニ、トウキョウツブダニの4種であった。特にクワガタダニは全調査地点に出現した唯一のササラダニで、ナミツブダニとヨスジツブダニも汎世界的な種として知られている。チビゲフリソデダニと他の21種は、出現率が50％以下と低いものの、人為的影響を受けた草本植物群落から森林群落まで生息分布し、特定の傾向を示さない。

1地点にしか出現しなかったササラダニ種群（Ⅲ群）

全調査地点のうち1地点にしか出現しなかった32の種群である。これらは特定の植物群落と結びつきがあるのか、それとも偶然そこにしか生息していなかったのかを判別することは困難である。それでも、ウスギヌダニがトダシバ－ススキ群落、マツバヤシダニ属の一種がスズメノヤリ－クロマツ群落、ハナビライレコダニがクスノキ植林、ナミコバネダニがアカマツ植林で高い密度を示している。

表3.4　調査地点の概要(藤田・原田 2000 より作成)

調査地	調査地点の状態
樹 木 園	2×7mのボックス型植栽枡にサザンカ4本、キンモクセイ3本の樹木が植栽された樹木園。リターが厚く堆積し、土壌の露出は見られず、土壌硬度(山中式)は平均1.7mmと柔らかい。
菜　　園	2×4mのレンガのボックス植栽枡にナスやトマトが植栽されている菜園である。リターの堆積はなく、土壌は露出し、土壌硬度は平均1.6mmと柔らかい。
草　　地	高さ1.4mのブロック塀上面の斜面に位置する草地で、ススキ、アズマネザサ、クズ、サルトリイバラ、ヘクソカズラなどが生育している。土壌は露出していないもののリターの堆積は少なく、土壌硬度は10.3mmと硬い。
単　　木	樹高7mのムクノキの下で、地表にはシロツメクサ、オヒシバ、オオバコ、ヨモギ、カタバミなどがわずかに生育している。リターの堆積はなく土壌の大部分が露出している。土壌硬度は平均18.6mmと硬い。
サクラ並木	樹高9mのソメイヨシノが5m間隔で植栽され、根元にはセイヨウタンポポやオオバコが生育している。リターの堆積は少なく、土壌の大部分は露出している。踏圧が強く、土壌硬度は平均14.6mmと硬い。
植え込み	校舎の前に植栽されたオオムラサキの植え込みで、ガマズミやヤブガラシが生育している。リターが厚く堆積し、土壌は露出せず、土壌硬度は平均2.4mmと柔らかい。
二 次 林	小学校に隣接する落葉広葉樹林。植生高14mで、ミズキやエゴノキ以外にスギが生育している。林内にはシラカシ、シロダモ、アオキが見られる。リターは厚く堆積し、土壌硬度は0.7mmと柔らかい。

(3) 小学校校庭のササラダニ

人工的に作られた学校の校庭は、学校緑化、記念樹、庭園樹、教材用にと様々な目的で樹木や草花が植栽され、植物が存在しても落ち葉の除去や下草刈りによって有機物が減少し、さらには直射日光による温度上昇、極度の乾燥、人の踏圧《とうあつ》など各種の人為的影響が重なるため、多くの土壌動物にとっては住みにくい環境のひとつである。藤田・原田(2000)は、人工的に作られた校庭において、その土壌環境の違いがササラダニ群集にどのような影響を与えているかを調べた。

調査地は、横浜市保土ヶ谷区にある川島小学校で、ミズキを主体とする二次林の一部を切り崩して建設された小学校で、その二次林は校庭のフェンス越しに残存し、校庭は様々な目的で植栽が行われている。その中から表3・4に示す校庭の6地点と二次林が調査地に選ばれている。なお、土壌硬度は山中式土壌硬度計（標準型土壌硬度計№351）により地表面から測定した値である。

①個体数と種数　幼若虫を含む総個体数が最も多かったのは、校庭に隣接する二次林の525個体／300㎠、次いで植え込みの450個体／300㎠である。校庭のほとんどの地点の個体数は二次林より明らかに少なく、樹木園は二次林の59％、他の4地点は5～37％となり、個体数順位は高いものから、二次林→植え込み→樹木園→サクラ並木→単木→菜園→草地である。得られた種数は、校庭内では1地点に7～20種なのに対し、二次林では46種と多く、校庭内の2倍以上の種数を示している。種数順位は二次林→樹木園→植え込み→サクラ並木→菜園→単木→草地の順となり、個体数順位と類似する。

②ササラダニ種組成　今回の調査で得られたササラダニは二次林を含めて合計66種である。校庭の6地点からは計36種が得られているが、これらのササラダニがどこから来たかを考えてみよう。校庭のササラダニは、第一にはもともとその場所に生息していた、第二には植栽された時の土と一緒に運び込まれた、第三にはその後風などによって移動してきたなどが考えられるが、植生の生態遷移の進行に伴って変化することも考えられる。その際、その変化速度は、ダニの供給源となる環境が近くにあるかどうかも重要な条件となるはずである。今回の調査では、学校校庭に隣接する二次林がその供給源として考えることができるので、まずは校庭各地点のササラダニ相が二次林のダニ相とどのよう

な類似性を示すかを調べた。ただし、今回は二次林から採取したサンプル数が少ないので、近隣地域の2つの二次林のササラダニ相の種組成データを加えた（**表3・5**）。二次林Ⅰは青木ほか（1977）による横浜市と川崎市の二次林、二次林Ⅱは原田ほか（1977）による横浜国立大学構内の二次林のササラダニである。**表3・5**では、今回校庭だけから得られた20種のうち、二次林Ⅰ、Ⅱにも生息していた9種の在、不在のデータを加えてある。

その結果、採集したササラダニは校庭にだけ生息する11種（A群）、二次林との共通種25種（B群）、二次林にのみ生息する30種（C群）に区分される。A群ではシダレコソデダニ属の一種やハバビロオトヒメダニのような系統的に高等な有翼類の種が個体数、種数ともに多くを占める。有翼類の種は体表が硬く、乾燥に対しての抵抗力も高いので、校庭のような踏圧や草刈り、落ち葉除去などの人為的影響が強い環境下でも生息が可能だと考えられる。B群の25種のうち、トゲクワガタダニ、クワガタダニ、ヒメヘソイレコダニ（**口絵⑧**）の3種は校庭の5地点から、イチモンジダニ（**口絵⑧**）は同じく4地点から、ヤマトクモスケダニなど3種は3地点から得られ、生息範囲の広い種である。一方、フリソデダニモドキなど9種は校庭の1地点にのみ生息する種で、隣接する二次林から供給されるといっても種によってその時期や場所には違いがあり、オオスネナガダニなどC群の30種はいまだ校庭へは進入できない種といえる。校庭6地点のササラダニ相と二次林のササラダニ相との類似性をセーレンセン（Sørensen）の類似度指数で求めてみると、樹木園0・43、菜園0・22、草地0・10、単木0・19、桜並木0・29、植え込み0・35となり、いずれも低い値であるが、地点によって大きな

表 3.5　学校校庭各調査地点におけるササラダニ種組成（藤田・原田 2000 を改変）

	種　名	樹木園	菜園	草地	単木	サクラ並木	植え込み	二次林	二次林I 1)	二次林II 2)
A群	シダレコソデダニ属の一種	●	●	●		●	●			
	ハバビロオトヒメダニ			●	●	●	●			
	オバケツキノワダニ	●					●			
	ニセムカシササラダニ	●					●			
	カコイクワガタダニ	●					●			
	ツブダニ属の一種		●							
	カザリヒワダニ		●							
	チビマルコソデダニ			●						
	エンマダニ属の一種			●						
	イレコダニ属の一種					●				
	シダレコソデダニ属の一種						●			
B群	トゲクワガタダニ	●	●	●	●		●	●		
	クワガタダニ	●	●		●	●	●	●		
	ヒメヘソイレコダニ	●	●		●	●	●	●		
	イチモンジダニ	●			●	●	●		●	●
	ヤマトクモスケダニ	●				●	●	●		
	ヒメハラミゾダニ	●				●	●	●		
	ハナビライレコダニ				●	●	●			●
	ツブダニ属の一種	●	●					●		
	マドダニ属複数種	●		●				●		
	オオハラミゾダニ	●				●		●		
	コブヒゲツブダニ	●				●		●		
	ワタゲジュズダニ	●				●		●		
	フトゲナガヒワダニ	●					●		●	●
	ナミツブダニ		●				●	●		
	クゴウイレコダニ				●		●		●	●
	ハナビラオニダニ					●	●			●
	フリソデダニモドキ	●						●		
	ミズタマダルマヒワダニ	●						●		
	フトツツハラダニ	●							●	●
	ヨツクボダニ	●							●	●
	トウキョウツブダニ		●					●		
	シダレコソデダニ属の一種		●					●		
	ツノコソデダニ			●				●		
	チビゲフリソデダニ						●			●
	ホソツキノワダニ						●			●
C群	オオスネナガダニ							●		
	他 29 種							●		

表中の●はササラダニ種の存在を示す。1）青木ほか（1977）、2）原田ほか（1977）

表3.6　校庭各地点のササラダニ相を豊かにしている要因（藤田・原田 2000から作成）

要　因	樹木園	菜　園	草　地	単　木	サクラ並木	植え込み
二次林からの距離（5m以内）	○	○	○	—	—	—
土壌硬度（山中式）（3mm以下）	○	○	—	—	—	○
リター量（3g以上/100 cm^2）	○	—	—	—	○	○

○はその要因がササラダニ相を豊かにする基準を満たしていることを示す

ばらつきがみられる。

では、校庭各地点のササラダニ相になぜこのような違いが出てくるかを考えてみよう。校庭に設置された緑地は、目的に応じて草刈りやリターの除去などの作業を受けて管理されている。草刈りは地表を被覆する草本植物や堆積物量を減少させて土壌表層の乾燥化を招き、さらには踏圧によって土壌が硬化していく。このような人為的圧力が高まればササラダニにとっての土壌環境は悪化し、生息できるササラダニ種は制限され、個体数が減少していくことは明らかである。近くに供給源となる環境が存在していても、劣悪化した環境に生息できる種は制限されるのである。その一方で、環境の劣悪化に伴って新たに出現してくる種がいることも明らかで、校庭各地点のササラダニ相は、このような土壌環境と、供給源の二次林からの距離などが複雑に関連し合って構築されるものなのであろう。ササラダニ群集を複雑で豊かにする要因として、リター量、土壌硬度、そして供給源からの距離に注目し、校庭各地点がどの要因を満たしているかをまとめてみると**表3・6**のようになる。豊かにする基準を、リター量は乾重3g以上/100㎠、土壌硬度は3㎜以下、二次林からの距離を5m以内とすると、樹木園はこれら3要因すべてを満たし、菜園は土壌硬度と距離、草地は距離だけ、サクラ並木はリター量だけ、植え込みはリター量と土壌硬度を満たし、単木はどの要因も満たしていないことになる。3つの要因のなかではリター量がササラダニ相の量、豊かさを決定する大きな要因であることがわかるが、質的な面に関わる要因はさらに詳しい解析が必要である。

(4) 街路樹下の土壌ダニ類

最後の調査例は街路樹下の土壌ダニ類である。人為的影響が強く植生が貧弱な地点では、ササラダニ群集も同様に貧弱であることがわかってきたので、大都市横浜市にあって、さらに人為的影響が強いと思われる街路樹に注目して、街路樹の植栽枡の土壌に生息するダニ類が調査された(Aoki & Kuriki 1980)。

調査されたのは横浜駅から相模原市までの国道16号線沿いの街路樹で、それを横浜市内の市街地街路樹6地点(A区)と横浜市外の郊外街路樹5地点(B区)とに区分した。対照として、三溪園や駅前ロータリー、横浜国立大学、国道16号線沿いの緑地計7地点(C区)を選出した(**図3・4**)。

①土壌ダニ類5群による解析　得られた土壌ダニ類を5つのグループに区分し、3種類の土壌環境(A、B、C区)における平均個体数の変化を**図3・5**に示してある。5つのダニグループとはササラダニ類、トゲダニ類、ケダニ類、コナダニ類、ホコリダニ類で、ホコリダニ類は現在ケダニ亜目の中に含められているが、調査当時は他のダニ類と同様に独立した亜目として扱われていたダニで、体長0.3㎜以下の小さな白っぽいダニである。

5つのダニグループは、3つの土壌環境に対する個体数の変化の違いから2つに大別される。1つ

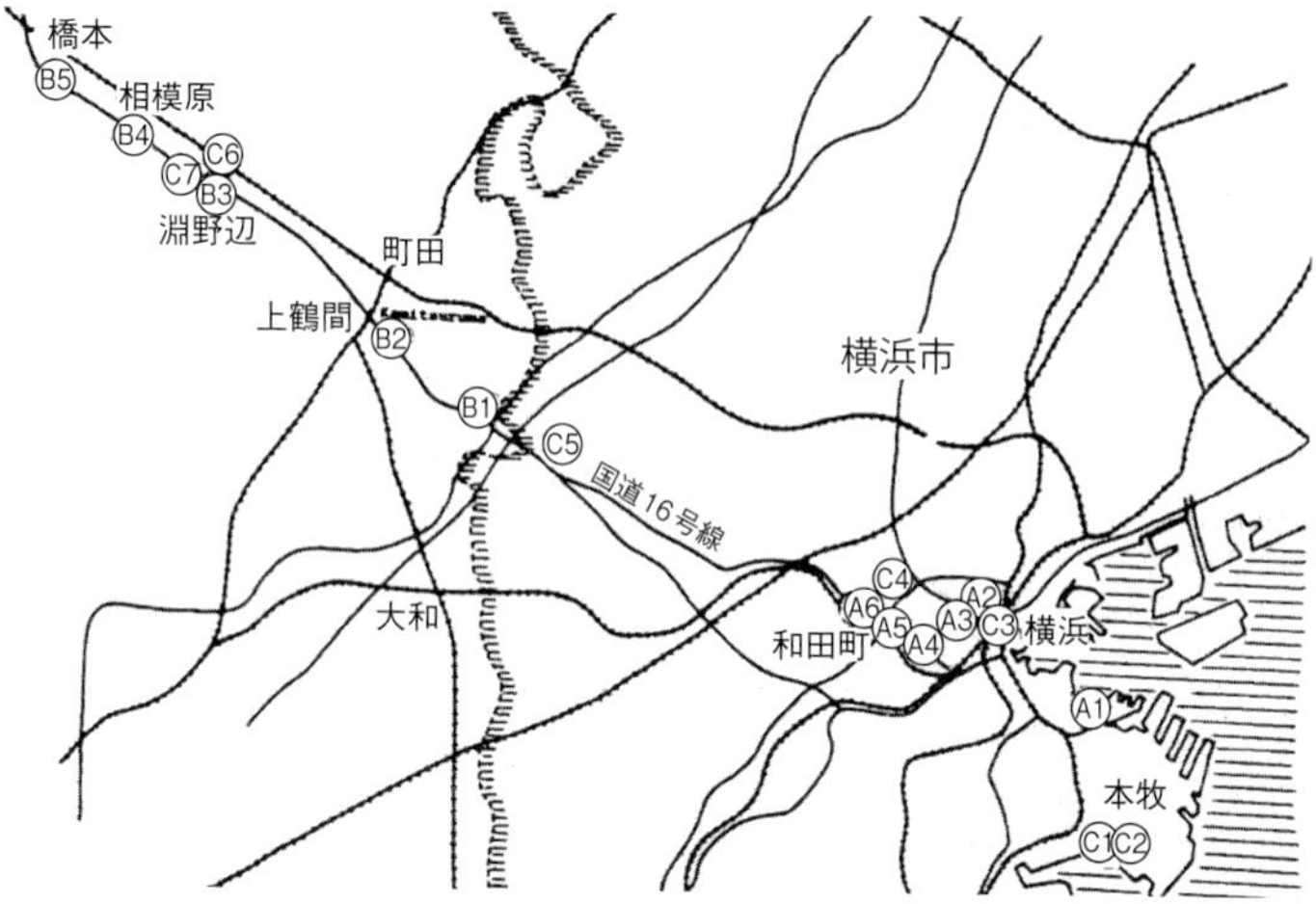

図3.4　国道16号線沿いの調査地点
A1～A6：市街地の街路樹、B1～B5：郊外の街路樹、C1～C7：緑地（Aoki & Kuriki, 1980）

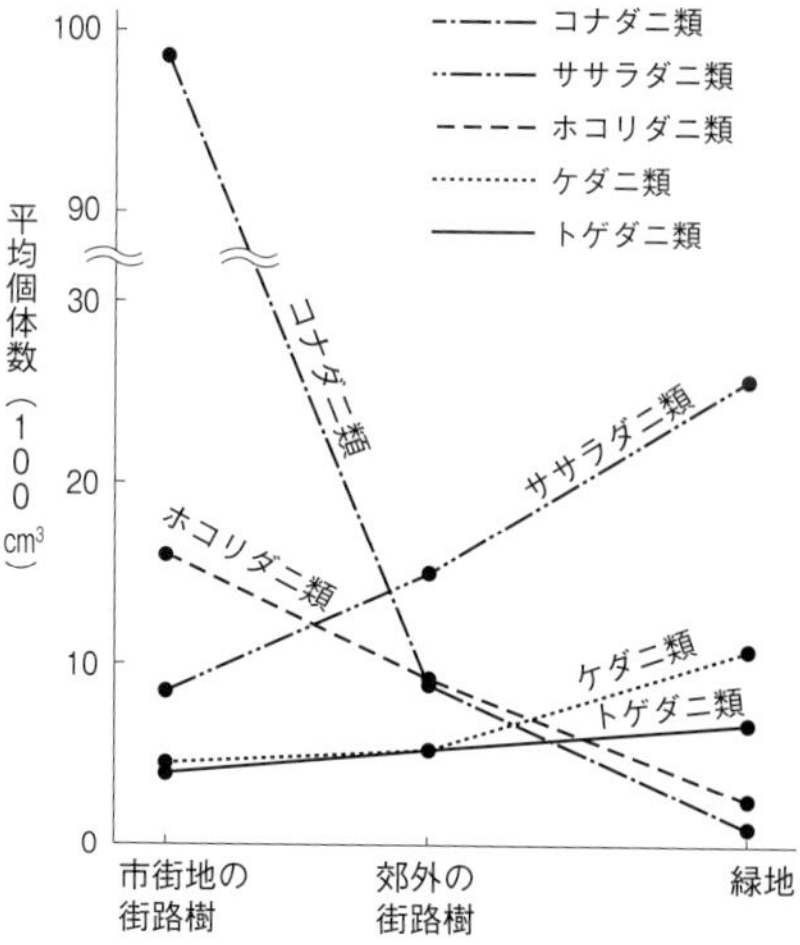

図3.5　土壌ダニ5群の個体数変化（Aoki & Kuriki, 1980）

は市街地街路樹、郊外街路樹、緑地の順に個体数が増加するもので、ササラダニ類、ケダニ類、トゲダニ類が入る。もう1つは逆に、市街地街路樹の方で個体数が大きくなるもので、ホコリダニ類とコナダニ類が相当する。ササラダニ類は、植生の自然度が高いほどササラダニ指数が高くなるこ

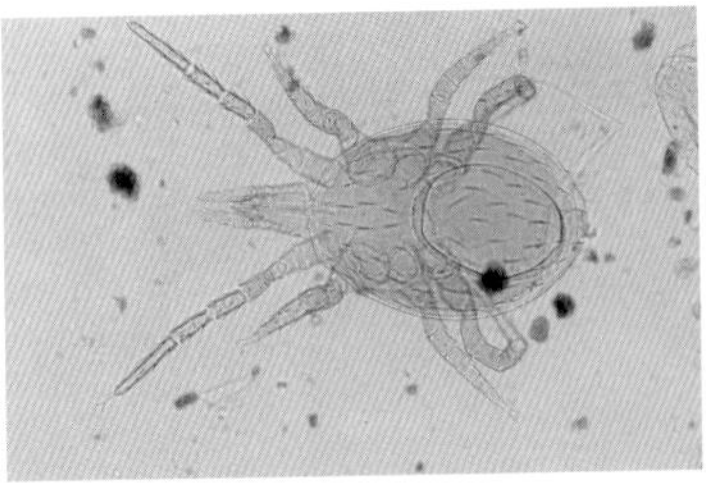
トゲダニ（体長0.7㎜）

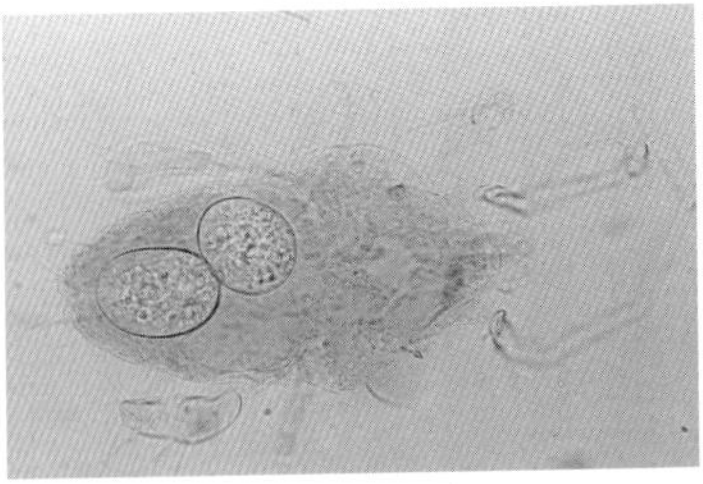
ケダニ（0.4㎜）

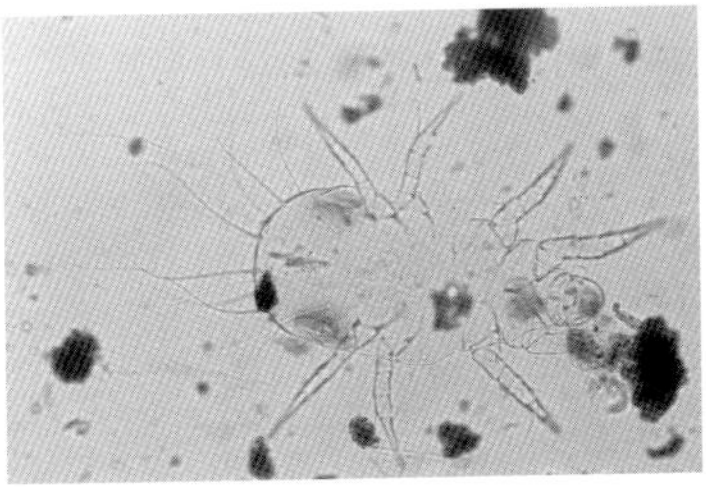
コナダニ（0.3㎜）

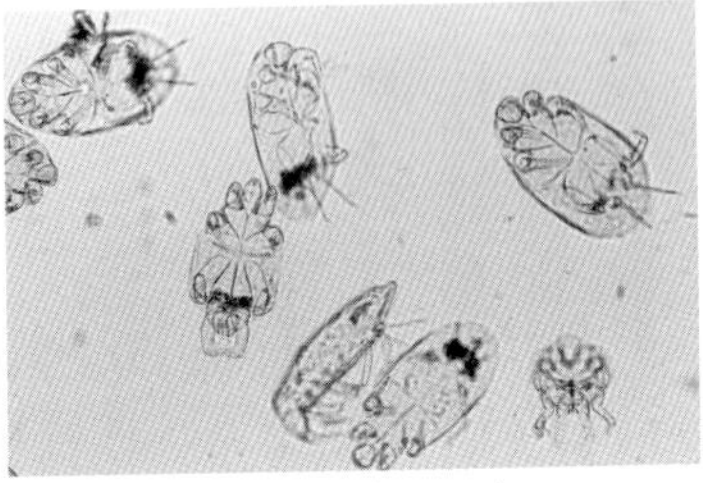
ホコリダニ（0.15㎜）

写真3.4　ササラダニ以外の土壌ダニ類

とはよく知られており、この調査でもそのことは同様である。トゲダニ類とケダニ類（**写真3・4**）の個体数増加の割合はササラダニ類ほど大きくはない。一方、コナダニ類は我が国では食品や畳を住み家とするダニとして有名なケナガコナダニ単独種がA区での個体数が極めて多く、ホコリダニ類はコナダニ（**写真3・4**）ほどではないもののやはりA区に多く、ササラダニ類を凌駕して18・6個体／100cm^2の密度を示している。この2つのダニグループは人為的影響の強い環境を好むのでanthrophilic（好人間性）な動物、それに対しササラダニ類はanthrophobic（嫌人間性）な動物といえよう。

土壌中の5つのダニグループの個体数は、自然林や人為的影響の弱い場所では、通常、ササラダニ類→トゲダニ類・ケダニ類（トゲダニ類より少ないか同等）→ホコリダニ類・コナダニ類という関係にある。ところが、この調査から、人為的影響の強い郊外の街路樹環境ではササラダニ類→ホコリダニ類・コナダニ類→トゲダニ類・ケダニ類という順に、さらに影響のつよい市街地街路樹ではコナダニ類→ホコリダニ類→ササラダニ類→トゲダニ類・ケダニ類の順になること、さらには、市街地街路樹におけるダニ類の密度はコナダニ類の高密度により郊外の街路樹と緑地の3倍もの値を示すことがわかった。

②ササラダニ群集の解析　ササラダニはA区から22種、B区から37種、C区からは76種、合計91種が得られた。そしてそれらの種の出現の有無と3つの区との関連性を解析した結果、**表3・7**に示す4つのグループが抽出された。

グループ1　緑地より街路樹に多く出現する種群

トウキョウツブダニ、サカモリコイタダニ（**口絵⑨**）、イチモンジダニ属の一種の3種は市街地及び郊外の街路樹に広く分布するが、緑地での出現率は低い。特に前2種は都心の街路樹や道路の中央分離帯の低木、ビルの入り口脇の植え込みなどからよく見つかっており、街のダニとして知られているものである。

グループ2　緑地にのみ出現する種群

マルタマゴダニなど8種が区分された。

グループ3　分布の中心は緑地だが街路樹にもある程度出現する種群

ヒワダニモドキなど5種が区分された。ササラダニにとっては、餌となる腐植物が多く、寒暖の

表3.7　街路樹と緑地環境下におけるササラダニ組成表(Aoki & Kuriki 1980)

グループ	ササラダニ種	市街地の街路樹						郊外の街路樹					緑　地						
		A1	A2	A3	A4	A5	A6	B1	B2	B3	B4	B5	C1	C2	C3	C4	C5	C6	C7
1	トウキョウツブダニ	2	1	1	1	1	5	1	4	1	4	1	1		2				
	サカモリコイタダニ	1		4		1		1			1		2						
	イチモンジダニ属の一種		1	2		1		3				1							
2	マルタマゴダニ													3	1	5	4	5	4
	セマルダニ属の一種													3	2	1	1	3	
	コンボウイカダニ													1	1	1		1	
	ヤッコダニ												1			1		1	1
	ヤマトクモスケダニ													1	2		2		1
	タモウツブダニ														2	1	1		
	Gymnobatesの一種													1	1				1
	フトゲナガヒワダニ												1			1			1
3	ヒワダニモドキ										1				1	1		1	
	ハラゲダニ										1	1			1	1		1	1
	ヒメナガヒワダニ									1	1		1			1		1	1
	ヒメヘソイレコダニ					1					1			1	1	1	1	1	1
	ナミツブダニ	1					2		1	1	1			1	5	1	3	4	2
4	クワガタダニ	2	1	2		1		1	3	2	4	1	3	1	4	1	1	3	
	ツブダニ属の一種	2	5	5	1	4	1	5	3	2	1	4			1	3	1		
	ホソチビツブダニ		1	1			1	1	1	1		1	1		1	1	1	1	
	ヨスジツブダニ			2	1	1				1	3	1	1	1		1		1	
	総種数	5	10	14	6	9	6	13	8	13	26	11	22	20	31	26	19	24	20

表中の数字は生息密度を5段階に分けて表示したもの
1：0.1～0.9、2：1.0～1.9、3：2.0～2.9、4：3.0～4.9、5：5.0～14.6

差が小さいほど生息する環境としては良好と考えられるので、グループ2やグループ3のような分布をするのが一般的と考えられる。

グループ4　街路樹から緑地まで幅広く分布する種群

クワガタダニやヨスジツブダニなど4種が区分された。両種は世界的にも、またあらゆる環境に生息しているササラダニである。

この調査から、ササラダニ類は、街路樹が植栽されている枡内の土壌には、郊外より市街地ほど生息する種数も個体数も少ないことが明らかになった。その傾向はトゲダニ類とケダニ類でも同じである。しかしコナダニ類とホコリダニ類は逆に緑地より市街地の街路樹で多くの個体が生息していること、ササラダニ類でもトウキョウツブダニ（**口絵⑨**）やサカモリコイタダニ（**口絵⑨**）などごく少数の種は緑地には生息せず、市街地に多く生息していることが分かった。なかでもサカモリコイタダニは、市街地のビル脇の小さな植え込みや道路の中央分離帯の低木の下の土からは採集されるが、都市の中でも緑豊かな公園や雑木林の中からは決して見つからない種である。しかし、最初から人間が作った都市で生まれたダニなどあるはずもなく、どこか自然界の中にふるさとがあるに違いないと気づいた青木は、その後、ついにその場所を発見したのである。青木（1996）はその時のことを次のように記述している。「長崎県の壱岐へ調査に行った時のことである。海岸沿いの道路を車で走っていて、岩場にへばりつくようにはえていた低木林を見つけた。もしやと思って土を採取して持ち帰ると、その中からたくさんのサカモリコイタダニが出てきたのである。その後、あちこちの似たような場所から本種が見いだされた。つまり、海岸の風衝低木林は、強い風が吹き、土壌は痩せて乾燥し、温度や湿度の変化も激しく、それはちょうど都会の道路やビルの貧弱な植え込みの下とよく似た環境だったのである。風にまかせて空を飛んできたサカモリコイタダニのうち、都会の植え込みの中に下り立ったものたちは、『ここはオレたちの故郷にそっくりだ』と思って住みついたにちがいない」。

トウキョウツブダニは、やはり青木（1976）によって東京銀座のシャリンバイの植え込みから発見されたササラダニである。さらには、今回の調査では確認できなかったが、全国各地のデパートや大学、雑居ビルの屋上に生えているコケからはシワイボダニというササラダニが発見されており、都市化に伴って、自然界にはない特殊な環境に生息するササラダニの存在が注目されている。

以上、横浜市における4つの調査報告を紹介したが、人為的影響が特に強い場所に生息するササラダニを整理して**表3・8**にまとめてみた。●はその種が当地域の劣悪地にのみ生息していること、◎は劣悪地だけでなくいろいろな場所に生息していることを示す。

劣悪地にのみ生息していると判定されたのは計10種である。サカモリコイタダニは2つの報告でこのグループに分けられ、前述したように間違いなく「街のダニ」といえる。他の9種は、劣悪地にのみ生息と判定されたのは1地域だけであり、これまでの報告では草地に多いといわれる種が多く含まれている。ツノコソデダニとトウキョウツブダニはその調査地内で広く生息していることもある。

劣悪地に生息するが、生息地はそこだけではなくさらに広がりを持つと判定されるのは15種である。なかでもクワガタダニは4つの報告すべてでこのように判定される。同様に、ヒメヘソイレコダ

表3.8　各調査地の劣悪地に生息するササラダニ

	横浜市	横浜国大	校　庭	街路樹
サカモリコイタダニ	●			●
トウキョウフリソデダニ	●			
クモガタダルマヒワダニ		●		
シダレコソデダニ属の一種			●	
ハバビロオトヒメダニ			●	
チビマルコソデダニ			●	
エンマダニ属の一種			●	
イチモンジダニ属の一種(B)				●
ツノコソデダニ		●	◎	
トウキョウツブダニ	◎			●
ツブダニ属の一種(28)	◎			
ヨーロッパツブダニ	◎			
イナヅマダルマヒワダニ	◎			
スジツブダニ		◎		
イチモンジダニ			◎	
ハナビライレコダニ			◎	
クゴウイレコダニ			◎	
トゲクワガタダニ			◎	
ホソチビツブダニ				◎
ツブダニ属の一種(33)				◎
クワガタダニ	◎	◎	◎	◎
ヒメヘソイレコダニ	◎		◎	◎
ナミツブダニ	◎		◎	◎
マドダニ属	◎		◎	
ヨスジツブダニ	◎			◎

●は劣悪地のみ、◎は緑地を含め広く生息することを示す

ニとナミツブダニは3報告で、マドダニ属とヨスジツブダニは2報告での判定である。これら5種は、何度も述べてきたように劣悪な環境でも生息が可能なコスモポリティックな種である。しかし、その能力が生理学的にはどのようなものなのかはまだ不明である。ササラダニ学の次の段階への展開を期待したい。

コラム1

●この子は誰の子？

ツルグレン装置で抽出されるササラダニには、成虫、若虫(第一、第二、第三)、幼虫が含まれていて、その割合は季節によって違う。しかし、若虫と幼虫は成虫との親子関係がまだよくわかっていないので、研究者の多くは若虫と幼虫のデータを除くか、すべてを一括して扱っている。幼虫、第一若虫、第二若虫、第三若虫の判別は容易なので、その親との関係がわからないのは大変残念なことである。飼育すればわかりそうなものだが、ササラダニの飼育にはいくつかの問題があってなかなか進まないのが現状である。

その1つが、飼育する環境を安定して作ることができないことである。これまでは小さな蓋つきのシャーレや管ビンの内部に石膏と活性炭を混ぜたものを敷き、水を加えながら湿気を保ち、酵母などの餌を与え飼育されてきた。蓋つきのシャーレでは、ダニは蓋との隙間から逃走することもしばしばで、与えた酵母にはカビが生えたり、活性炭の隙間にダニが入り込んで観察できなかったり、湿度環境が良くないとダニ自身が干からびたり、カビにやられてしまう。

2つ目は、ササラダニの生活環が大変長いことである。なかには年に数世代を持つものもいるが、一世代に4～5年を要するものもいることがわかってきた。飼育が難しいササラダニにとって、これは大きな障害である。

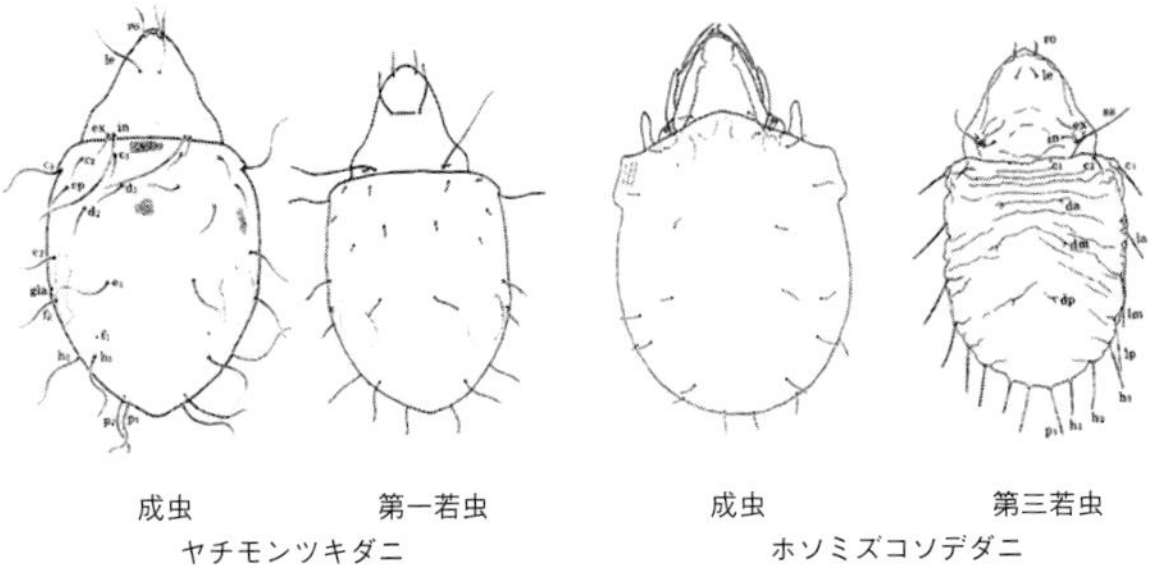

ヤチモンツキダニの成虫と第一若虫およびホソミズコソデダニの成虫と第三若虫

3つ目は、成虫と幼若虫ではその姿形に大きな違いがあることである。系統的に原始的なグループではそうでもないが、高等なグループではこれが親子かと疑うほどその姿形は違う。野外から得た試料だけで親子を判断するのはとても危険なので、やはり飼育によって判断していかなければならない。

例えば、前頁の2種は湿原から得られたものだが、水中飼育から親子とわかった。左が系統的に原始的なヤチモンツキダニ、右が高等なホソミズコソデダニである。

コラム2

●横浜市域の潜在自然植生

横浜では標高が最も高いところでも200mに満たないので、市域すべてが暖温帯に属し、常緑広葉樹林(照葉樹林)が潜在的には成立する範囲である。しかし、市域全域が同じ環境下にあるわけではなく、沿岸部の第三紀層の地質のところで、尾根部や斜面上部の土壌が乾燥しているところでは、スダジイ林が成立する。一方、同じ沿岸部でも沖積地や斜面下部のいく分湿った土壌が堆積したところでは、タブノキ林が成立する。

このように同じ沿岸部でも地形や土壌の違いによって、そこに成立する常緑広葉樹林は異なっている。さらに内陸部では気温も減少し、関東ロームという火山灰が堆積した台地では、シラカシ林になっている。横浜の内陸の一部では明治期ごろには天然氷が作られ、氷室で保管されていたと聞いている。内陸部は今より低温であったようである。

横浜の自然を解析する上で、スダジイ林域、タブノキ林域、シラカシ林域のどれであるかは解析要素の一つとなろう。横浜よりさらに内陸部や山足部になると、アラカシやウラジロガシが優占するようになり、やがては丹沢大山に見られるようなモミ林に接続し、標高800mになると冷温帯のブナ林へと移行していく。

コラム3

●ササラダニは大食漢

ササラダニの飼育は難しいと述べてきたが、湿地性のササラダニで成功したいくつかの例を紹介したい。

亜高山帯にみられるミズゴケ湿原には、成虫だけで1㎡当たり25万個体、幼若虫を含めて60万個体を超えるササラダニが生息していることがある。そして幼虫も若虫も成虫も年間を通じていつでも見られる。昆虫ではあまり見られない現象なので不思議に思い、飼育をしながらその生態を調べてみた。その結果、いくつもの驚くべき事実が明らかになった。

飼育は、水を張った小さなシャーレにダニ1個体と生息地から得たヌマガヤなどの腐植茎葉を餌として入れ、各種の恒温条件下で排出される糞と卵や幼虫の数を実体顕微鏡下で数えている。その結果、以下のことが明らかになった。彼らの繁殖戦略を考えるうえでとても興味深いものである。

1．年中いつでもみられるヤチモンツキダニの初夏6月までの成虫は、蔵卵している約6個の卵が体内で幼虫に成長してから順次産下していく。産下された幼虫は、年に1回脱皮して次の発育段階になり、繁殖期を迎えるまでに5年を要する。ホソミズコソデダニの蔵卵数は通常2個で1個ずつ産卵するが、25℃での最大産卵数は6個である。一方、標高550mのミズゴケ湿原に生息していたミズモンツキダニの産卵数は多く、体内の蔵卵数は最大でも8個だが連日のように産卵活動がみられる。平均産卵数は15℃で25.1個、25℃で41.6個である。実際には、卵の観察は難しいので、動いている幼虫の数を数える。

2．飼育期間中、いずれのササラダニにも多くの糞排出が観察されている。餌にしっかり取り付いている時のホソミズコソデダニは1日に20個前後、ミズモンツキダニは30～40個の糞を出している。摂食量の計測は難しいものの、排糞量からみてもササラダニは大食漢といえる。

3．亜高山帯のような低温の場所に住むササラダニの産卵(仔)数は少なく、多くの種が単為生殖で繁殖していることがわかってきた。なかには卵ではなく幼虫態で産下する種もいる。

第４章　土壌動物による横浜の自然の評価

土壌中に生息する動物のいくつかは、主に落葉や落枝などの腐りかけた植物質を食物としている。また、これらの動物が排泄する糞が土壌中に堆積することや動物たちが動き回ることによって、土壌の性質も変化していく。

生物遺体の分解や土壌構造の改良に重要な役割を担っている土壌動物が、環境指標生物としても利用されている。その理由として、種数と個体数が多い、環境変化に対して敏感に反応する、他動的移動分散能力が大きいことなどがあげられ、土壌動物と環境との間に密接な関係があることが示唆されている（青木１９９５）。

ここでは第2章で扱った体長が2㎜以上の肉眼で見つけることができる陸貝、ミミズ、クモ、ダンゴムシ、ワラジムシ、ヤスデ、ムカデなどの大型土壌動物と、第3章に出ているササラダニを対象として、自然性の高低を点数で評価することを試みている。

なお、土壌動物の採集法や抽出法のうち、大型土壌動物については第2章「大型土壌動物」、ササラダニについては第3章「ササラダニ」のところで紹介されているので、参照願いたい。

1　大型土壌動物を調べる準備と名前（何の仲間か）調べ

次のような手順で採集した土壌から大型土壌生物を調べる。

①ビンをよく振ってアルコール液とともに動物をシャーレに流し出す。

②実体顕微鏡を使って動物の名前を調べるが、対象となる32群の動物（図4・1）だけなので、それ以外の動物については名前調べをする必要がない。

③各動物の個体数も数えなくてよい。

④このレベルの区分ならわずかなトレーニングで同定（名前調べ）が可能である。

類似した動物の区別点は以下のとおりである（図4・1）。1のザトウムシ、11のカニムシ、26のダニ、27のクモはいずれも脚が4対（8本）で、蛛形類と呼ばれている。カニムシはカニのような立派なハサミを持っていること、ダニは小形で、腹に節がないことが特徴である。体の前体部と後体部にくびれがあるのがクモ、なければザトウムシである。これで脚が4対ある分類群の動物を識別することができる。

2のオオムカデ、4のヤスデ、5のジムカデ、7のコムカデ、15のイシムカデなどは多足類といって、脚が沢山あるグループである。まずはヤスデとムカデの違いだが、体の真ん中あたりの節に注目する。節の両側に脚が2本ずつ出ているのがヤスデで、ムカデは1本ずつである。コムカデは小さく、白色、尾端に木の芽状の突起がある。残りは脚の数で区分できる。イシムカデは15対以下、オオ

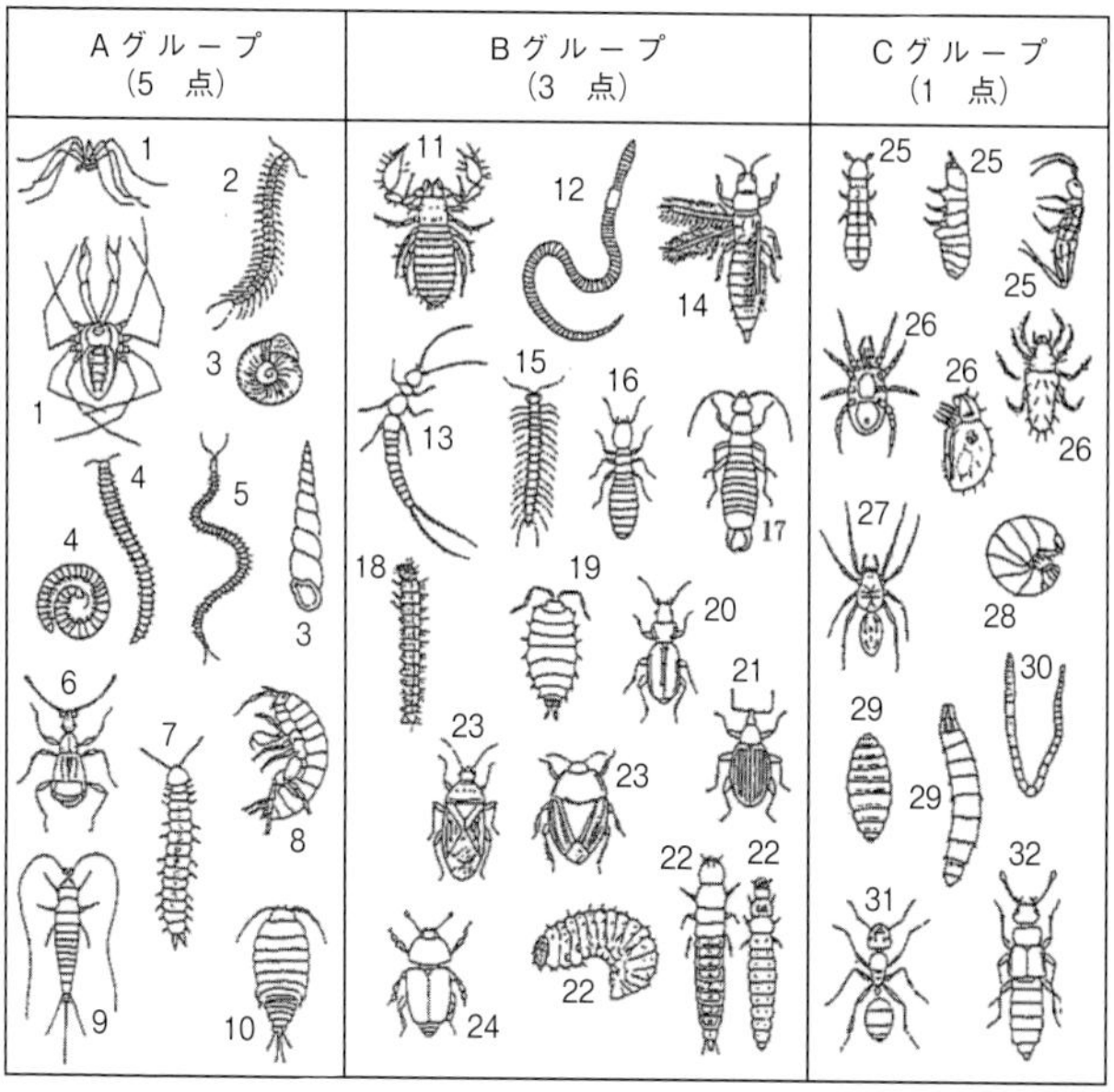

A
1　ザトウムシ　(3～5㎜)
2　オオムカデ　(4～13㎝)
3　陸貝　(2㎜～3㎝)
4　ヤスデ　(1～5㎝)
5　ジムカデ　(3～5㎝)
6　アリヅカムシ　(1～3㎜)
7　コムカデ　(4～7㎜)
8　ヨコエビ　(3～10㎜)
9　イシノミ　(1～1.5㎝)
10　ヒメフナムシ　(4～7㎜)

B
11　カニムシ　(2～4㎜)
12　ミミズ　(3～40㎝)
13　ナガコムシ　(3～4㎜)
14　アザミウマ　(1.5～3㎜)
15　イシムカデ　(1.5～2.5㎝)
16　シロアリ　(3～8㎜)
17　ハサミムシ　(1～3㎝)
18　ガ（幼虫）　(5～30㎜)
19　ワラジムシ　(3～12㎜)
20　ゴミムシ　(0.5～2㎝)
21　ゾウムシ　(4～8㎜)
22　甲虫（幼虫）　(3㎜～3㎝)
23　カメムシ　(2～6㎜)
24　甲虫　(1.5～20㎜)

C
25　トビムシ　(1～3㎜)
26　ダニ　(0.3～3㎜)
27　クモ　(2～10㎜)
28　ダンゴムシ　(5～13㎜)
29　ハエ（幼虫）　(2㎜～2㎝)
30　ヒメミミズ　(5～15㎜)
31　アリ　(2～10㎜)
32　ハネカクシ　(3～10㎜)

各動物名のあとの（　）内はおよその体長を示す

図4.1　自然の豊かさ評価に用いる32の土壌動物群と、それらのA・B・Cの3グループへの区分（青木 1989）

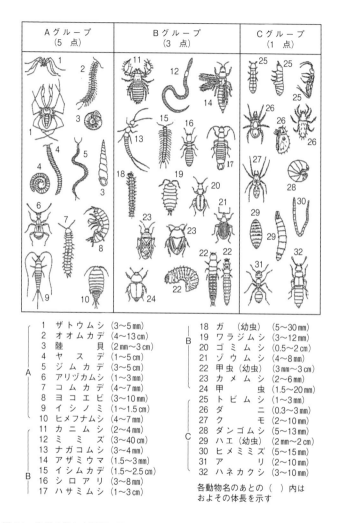

ムカデは21対か23対、ジムカデは31対以上である。ジムカデは脚が短いのも特徴である。

10のヒメフナムシ、19のワラジムシ、28のダンゴムシの脚は7対で、等脚類と呼ばれるグループである。ヒメフナムシは体に光沢があり、尾端の1対の突起は細く先が針状になっている。ワラジムシは木の葉状である。ダンゴムシは突起がなく、体は丸くなる。

12のミミズと30のヒメミミズであるが、体に少しでもピンク色がついていればミミズである。ヒメミミズは白色で小さい。

イモ虫状の幼虫は18のガ（チョウ）、22の甲虫、29のハエ・アブの3つである。頭があり、腹に腹肢という脚の名残の出っ張りが4対あればガ、なければ甲虫である。甲虫は脚がないのもある。ハエ・アブは頭がないのが特徴であるが、ユスリカは唯一例外で頭がある。

6のアリヅカムシ、9のイシノミ、13のナガコムシ、14のアザミウマ、16のシロアリ、17のハサミムシ、20のゴミムシ、21のゾウムシ、23のカメムシ、24のその他の甲虫、25のトビムシ、31のアリ、32のハネカクシは脚が3対の昆虫の仲間である。昆虫は一言では表現できないので、図鑑で調べる必要がある。しかし、土壌中から出現する種類は限られているので、トレーニングすればそれほどやっかいなことではない。

昆虫のおおまかな区分をあげると、翅は堅くて短く、腹が露出していて、体が太く短いのがアリヅカムシ、体は細長く尾端に鋏のあるハサミムシ、鋏がないのがハネカクシである。翅は腹全体をおおい、口吻が長く突出しているゾウムシ、突出していないのはゴミムシやその他の甲虫である。

図4.2　森林の林床には土壌動物のハビタット（生息場所）となるさまざまな有機物が堆積している（原田敦子氏原図）

アザミウマは羽毛状の翅があるか、翅はなく尾端に1本の筒状の突起をもつ。翅は柔らかい膜質で、左右の翅が重なっているのがカメムシである。

アリの触角は、くの字状に曲がっているが、シロアリは多節で数珠状である。

これらの昆虫に陸貝とヨコエビを加えると、32分類群の動物となる。

2　大型土壌動物による評価

土壌動物を指標生物として環境評価を試みようとする方法のひとつに、土壌動物による自然の豊かさ評価（青木　1989）がある。これはその場所の現在の環境状態が、健全環境からどのくらい隔たっているかを、土壌動物の群集組成によって評価しようとするものである。そして健全環境をその土地の極相林（遷移の最終段階で、構造や組成が安定した状態）に求めている（図4・2）。生息場所が構造的に多様である極相林では多くの土壌動物を擁し、多様性の高い土壌動物群集を形成している。この自然豊かな環境が樹林の伐採や林床の撹乱《かくらん》など人為的干渉によって悪化（貧化）すると、環境の変化に最も敏感な動物から順次消滅していき、最後には変化に耐え得る順応性のある動物だけが残り、群集組成がどんどん単純化していくこととなる。そこで人為圧に対する抵抗性の強弱に基づいて大型土壌動物を3つのグループに区分し、各グループの動物群に一定の点数を与え、出現した動物群の総合点数によってその土壌環境の健全さを評価しようというものである。

(1) 自然の豊かさ評価法

大型土壌動物のうちから32群の動物を選び、これらの動物分類群をA、B、Cの3群のグループに区分する（図4・1参照）。このグループ分けは、環境の劣化に対する抵抗性の強弱に基づいて3段階に区分したものである。すなわち、Aグループの動物は最も敏感で弱く、Cグループの動物は最も抵抗力が強く、Bグループはその中間の動物である。次にAグループの10動物群には各5点、Bグループの14動物群には各3点、Cグループの8動物群には各1点という点を与え、出現動物の総合点数で評価する。評価点は以下のように計算する。

（Aグループの動物群の数）×5点＋（Bグループの動物群の数）×3点＋（Cグループの動物群の数）×1点

32群の動物がすべて出現すると100点となる。こうして各調査地で出現した動物群の総合点に

表4.1　土壌動物による自然の豊かさ評価例

調 査 地：横浜市保土ヶ谷区狩場町英連邦戦死者墓地
調査年月：2008年7月　　　調 査 者：原田　洋・久津佑介
環　　境：スダジイ林

	方形枠番号	1	2	3	4	5		方形枠番号	1	2	3	4	5
A・5点	アリヅカムシ			○	○	○	B・3点	コウチュウ(幼虫)	○	○	○	○	○
	イシノミ							ゴミムシ					
	オオムカデ		○	○				シロアリ					
	コムカデ	○	○	○	○	○		ゾウムシ	○	○	○	○	○
	ザトウムシ	○	○		○			ナガコムシ	○	○		○	○
	ジムカデ	○	○	○	○	○		ハサミムシ					
	ヒメフナムシ				○			ミミズ			○	○	○
	ヤスデ	○	○	○	○	○		ワラジムシ			○	○	
	ヨコエビ	○		○	○	○	C・1点	アリ	○	○	○	○	○
	陸貝	○	○	○	○	○		クモ	○	○	○	○	○
B・3点	アザミウマ	○		○				ダニ	○	○	○	○	○
	イシムカデ	○	○	○	○	○		ダンゴムシ	○	○	○	○	○
	ガ・チョウ(幼虫)	○	○	○	○	○		トビムシ	○	○	○	○	○
	カニムシ	○	○	○	○	○		ハエ・アブ(幼虫)	○	○	○	○	○
	カメムシ	○	○	○	○			ハネカクシ		○	○	○	○
	コウチュウ	○	○	○	○	○		ヒメミミズ	○	○	○	○	○
評価	9群×5点＋11群×3点＋8群×1点＝86							86点					

よって、そこの土壌環境の豊かさを評価しようとするものである(青木 1989)。

表4・1に調査結果の一例を示してある。これは横浜市保土ヶ谷区の英連邦戦死者墓地のスダジイ林である。25cmの方形枠5個から得られた結果で、自然の豊かさ評価による点数は86点となっている。

(2) 各調査地における評価結果

横浜市(原田 1991a)と多摩川流域(原田 1991b)のさまざまな土地利用形態下の土壌を対象に、土壌動物による自然の豊かさ評価を行った(原田・青木 1996)結果が**図4・3**と、横浜市域だけ

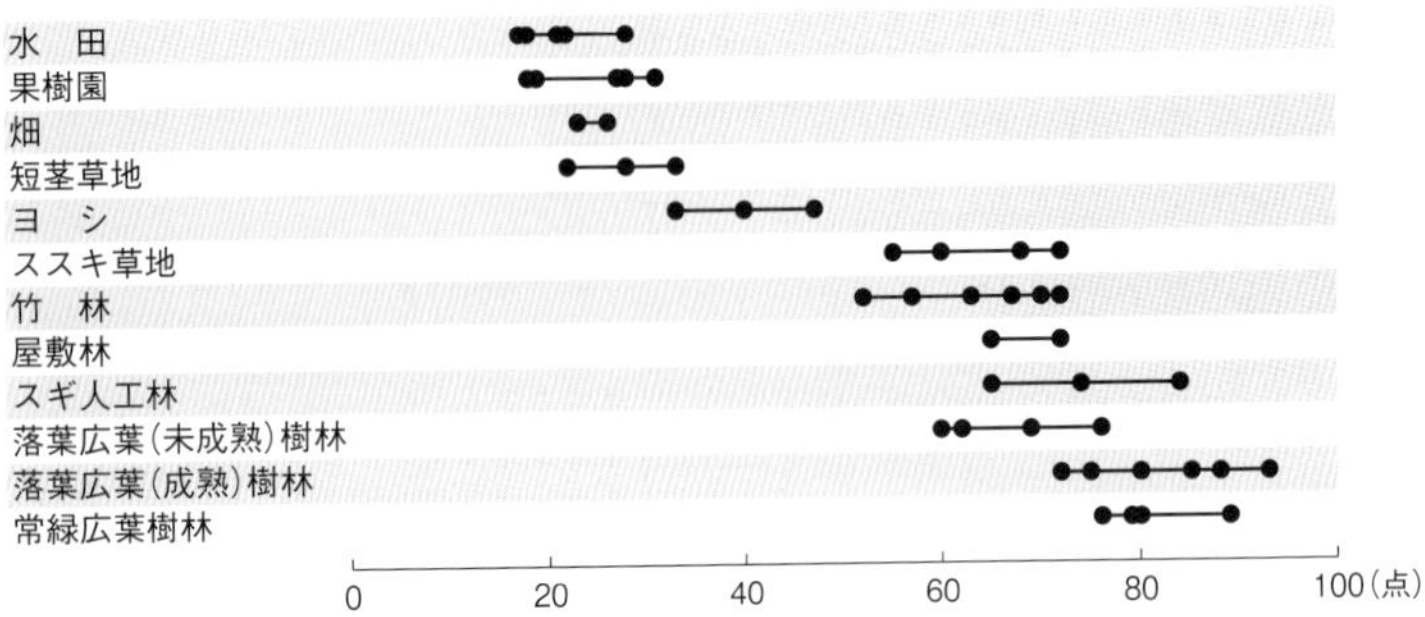

図4.3 横浜市と多摩川流域を対象とした植生類型別にみた土壌動物による自然の豊かさ評価(原田 1991a;1991bより作成)

に限定した資料に基づく結果が**図4・4**に示されている。

全体的には、水田、ナシ果樹園、畑などの耕作地や短茎草地など人為圧の大きいところでは、評価点が35点に達していない。ここの特徴として、水田では湿潤度が高く土壌が粘土質であること、また、畑では土壌動物にとっての生息環境が耕耘(耕起)などによって著しく撹乱を受けることが考えられる。また、シバ草地のような短茎草地では、草刈りや踏圧などによる影響があげられる。その結果、直射日光が地表までとどき地表が乾燥したり、また土壌動物の食物や棲み場所となる有機物量が少なくなったり、土壌が硬くなる。こうなると、土壌動物にとっては良好な環境とはいえず、環境の変化に敏感な感受性の強い動物群は生息できない。評価が特に低いのは水田とナシ果樹園で評価点が20点に満たないところがある。

シバ草地のような草丈の低い短茎《たんけい》草地より、ススキ群落で代表される丈の高い高茎《こうけい》草地のほうが人為的影響は受けにくく、より豊かな土壌動物群集が維持されていることから高い評価点となっている。

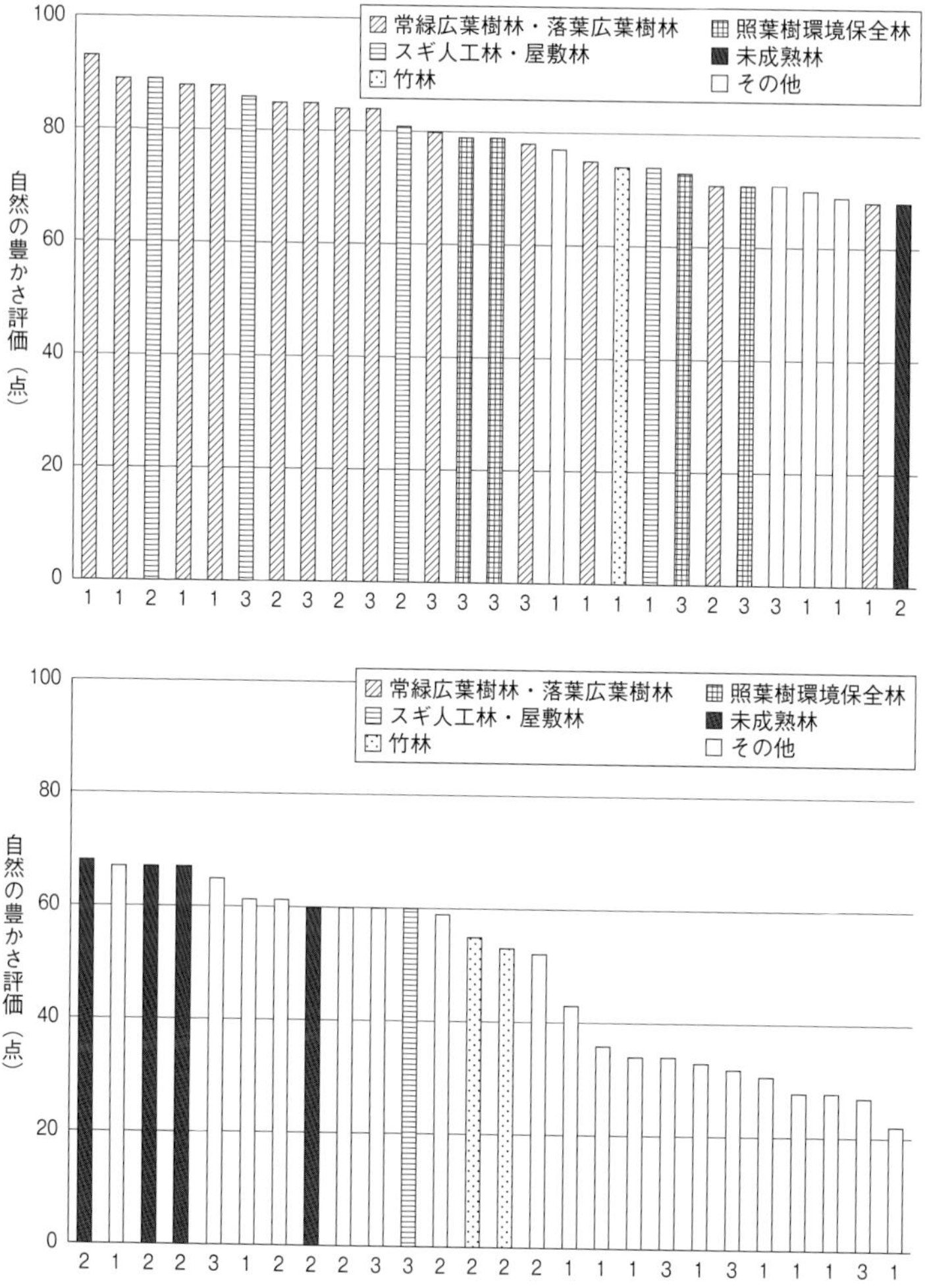

図 4.4　横浜市内のさまざまな環境における土壌動物による自然の豊かさ評価

1～3 は次の資料による

1：原田 1991a、2：芳村・原田 2009、3：久津・原田(未発表)

水田と落葉広葉樹林　　ススキ群落

スギ人工林　　常緑広葉樹林

写真 4.1　自然の豊かさ評価の調査地のいくつか

ヨシ群落とススキ群落は相観的には類似しているが、異質な立地に生育していることから土壌動物の組成は異なり、その結果評価点にも相違が生じている。ヨシ群落の立地は河川の増水に伴って冠水の影響を受け、特に冠水頻度の高いところでは土壌動物相は貧化している。ススキ草地の評価点が55～72点であるのに対し、ヨシ群落では33～47点にすぎないのはそのためである。この違いは人為圧の多寡によるものではなく、冠水という自然要因によって生じる環境圧によるものなので、両植生を自然の豊かさ評価によって比較することはできない。

竹林（52～72点）、屋敷林（65～72点）、スギ人工林（65～84点）の評価点は草地と森林の中間値となり、おおむね植生による自然性の高低を指標する植生自然度と対応する結果を示している。竹林とスギ人工林は評価点の最小値と最大値の差がきわめて大きい結果となっている。これらの植生が植生遷移の系列上にない人工的植栽による樹林であるため、植栽された立地の違いや、隣接する樹林の有無、樹林管理の違いなどによって評価点が大きく異なったのであろう。

一般に森林が伐採されると、林床に蓄積していた有機物が急速に分解され、一時的に富栄養となる。伐採時点で土壌動物の中でも環境の変化に敏感な動物群は消滅してしまう。その結果、伐跡群落の土壌動物相は単純化し、豊かさ評価は伐採前と比較すると大きく低下する。ところがなんらかの要因で土壌への影響が小さく、そのため土壌の理化学性が急激に変化するようなことがなく、以前の森林に近い様相を維持していることがある。そうなると伐採が原因で起こる土壌動物の貧化の程度は極めて少なくなる。また、土壌の構造的変化が小さければ、一度そこから消滅した動物も再度供給されてきたときに容易に定着することが可能となる。つまり伐採によって土壌そのものが受ける影響の強弱が、土壌動物を支え得ることが可能な潜在力の高低を左右することになる。影響が弱ければ潜在力は高いまま維持できるので、自然の豊かさ評価も高く保持することができる。

人工林においても、有用樹を植林する前には現存する樹木を一度伐採するので、植生が一時的に欠落する状況は同じである。人工林は伐跡群落より時間が経過している分だけ土壌環境は安定し、土壌動物相が回復していることが予想される。土壌動物を送り込んでくる供給源からの距離や土壌の潜在力などの条件が同じなら、伐跡群落より人工林のほうがより多様な土壌動物相を構成していることになる。さらに、スギは風当たりが弱く日射量の少ない谷沿い斜面や平坦な適潤地に植栽されるので、地形的にも土壌的にもめぐまれた環境を形成していることが多い。それを反映して高い豊かさ評価を示しているものと考えられる。

遷移過程にある落葉広葉樹の未成熟林では60～76点と比較的低い評価点となった。これは、植生的には低木層や草本層の発達が不十分で、多層群落を形成していないことによるものであろう。また、落葉広葉樹林の群落構造が、高木層、亜高木層、低木層、草本層と多層な4層構造を形成している成熟林では、十分な有機物が堆積して適度な土壌湿度が保たれている。さらには人為的影響が少ないことから、土壌動物にとって良好な生息環境が維持される結果、自然の豊かさ評価が高くなっている。常緑広葉樹の極相林では76～89点と評価点が高くなっている。なお、最高点は横浜市円海山のコナラ林（**口絵⑪**）の93点である。

関東地方の極相林であるスダジイ林やシラカシ林などの常緑広葉樹林は、限りなく100点に近い点数を示すはずである。しかし、本地域に残存している常緑広葉樹林は、いずれもその面積が狭いところから、周囲からの影響や人為的干渉を受けている。したがって、環境の変化に敏感な動物がいくつか消滅していることがある。一方、落葉広葉樹林のうち多層な構造を構成している成熟林は、亜極相林とも呼べる最も極相林に近い位置にある樹林であることから、72～93点と高い評価点となり、その結果、極相林の常緑広葉樹林と亜極相林の成熟した落葉広葉樹林との間に、点数の差は認められないこともある。

(3) 調査時期と評価点の関係

土壌動物を指標動物とした場合のメリットのひとつである、季節変化が少ないことを示す例として、調査時期と評価点の関係についてみてみよう。横浜市の落葉広葉樹林で、冬季から夏季にわたり4回行った調査の評価点は、自然観察の森では82点(12月)、80点(2月)、88点(6月)、85点(11月)であり、また、富岡総合公園では77点(12月)、81点(6月)、84点(翌年6月)、85点(10月)と、季節による点数の差は小さく、他の調査地でも同様の傾向が示されている。この結果から、大型土壌動物による自然の豊かさ評価は季節による点数評価の差が小さいため、季節を通じて評価が可能になるという利点がある。

(4) 冷温帯域基準での評価手法との比較

青木(1989)の自然の豊かさ評価は、暖温帯域を対象としたもので、気候的極相からの隔たり具合を評価しようとするものである。したがって、冷温帯域や亜熱帯域では必ずしもうまく機能しないことがある。そのため、冷温帯域を対象とした評価手法が大久保・原田(2006)によって提案されている。そこで、この手法が暖温帯域で通用するかを試みた。

指標動物として対象にするのは、カニムシ、ヒメフナムシ、ヤスデ、ジムカデ、イシムカデ、コムカデ、ナガコムシ、チョウ(幼虫)、アリヅカムシ、ゾウムシの10分類群である。

これら10分類群の動物に各10点の持ち点を与え、出現率(頻度)に応じてこの10点を細分する。例えば、1地点あたりの土壌試料が5枠の場合には、5枠すべてからその指標動物が出現していれば、出

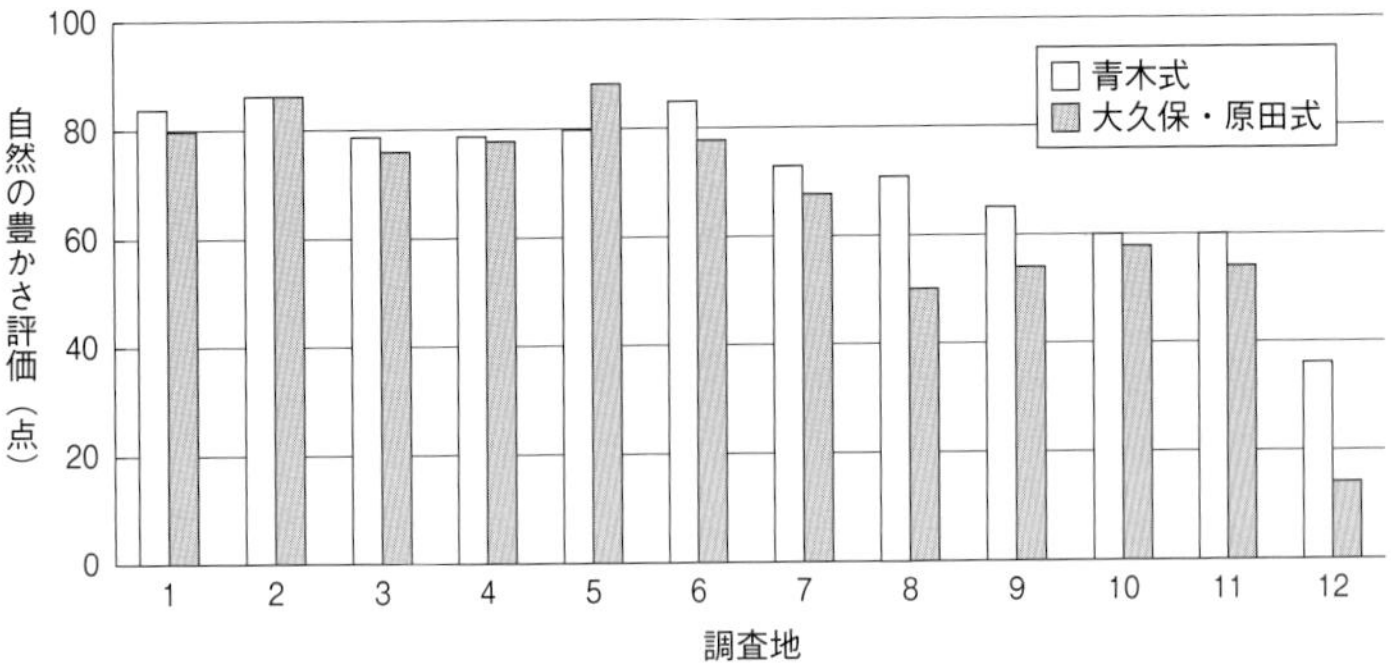

図4.5　自然の豊かさ評価の青木式と大久保・原田式の比較（久津・原田 未発表）
1，2：英連邦戦死者墓地スダジイ林、3，4：横浜国立大学スダジイ林、
5，6：大池こども自然公園コナラ林、7：横浜国立大学常緑広葉樹環境保全林、
8：大池こども自然公園高茎草地、9，10：横浜国立大学高茎草地、
11：横浜国立大学竹林、12：横浜国立大学短茎草地

現率は100%となり、10点が配分されることになる。以下4枠から出現していれば8点、3枠なら6点、2枠なら4点、1枠なら2点という具合になる。

出現率（頻度）に応じて配分された点数を加算し、10分類群の動物の合計値をその地点の評価点とする。10分類群の動物がすべての調査枠から出現すると、評価点は最高の100点となる。

この手法は25cm×25cmの方形枠5個分の土壌試料を基本としている。カニムシ、コムカデ、ナガコムシなどの比較的小さい動物が対象とされているので、ハンドソーティング（肉眼採集）よりツルグレン装置を使用したほうが効率がよい。両方法を比較したデータは少ないが、大久保・原田式が暖温帯域で機能するかを**図4・5**にまとめている。

これによると、スダジイ林やコナラ林などの横浜市内に残存する自然性の高い森林では、両手法による評価点にはほとんど差がないことが分かる。ところが調査地番号8の高茎草地や調査地番号12の短茎草地では評価点が大きく異なっている。

比較する資料が少ないので、結論を出すことはできないが、森林の評価には暖温帯域でも大久保・原田式も使えそうである。しかし、今のところ、暖温帯域では青木式、冷温帯域では大久保・原田式の手法で評価するのがよさそうである。

3　ササラダニによる自然性の評価

(1) ササラダニ属による自然性の評価

土壌中に生息しているササラダニ群集は多数の種から成り立っている。中には人為的影響がほとんど及ばない自然性の高い森林を好んで生息するもの、低木林やススキ草地のような環境に生息するもの、さらには自然環境には生息せず、人為的影響が強く及んでいる環境だけに分布するもの、どこにでも分布しているもの、などさまざまな種が存在している。言いかえれば生息幅の狭い種、中間の種および広い種が混在して生息し、ササラダニ群集を形成している。自然性の高い環境が劣化(悪化)すると、まず生息幅の狭い種が消滅し、さらに環境が悪化すると生息幅が中間の種も消滅し、遂には生息幅の広い種だけになってしまうという特性がある。このようなササラダニの生態的適応幅が異なることに着目し、適応幅の広狭に応じて各種に評点を与え、その評価点によって環境の自然性を評価しようとするものである(青木1978、1979、1995)。

ササラダニ群集の構造的特色を表すひとつの方法として「特異度」が提案されている(青木1978、

１９７９)。これはササラダニを属レベルで分類し、各属の生息幅の広狭から5階級に区分し、最も出現頻度の高い属群には1点、最も低い属群には5点の評点を与えている。次に出現属の評点の総和を求め、この値を出現属数で除した数値、すなわち群集を構成する属の平均点数で表示している。したがって、特異度が高ければ「独特な群集」、低ければ「ありふれた群集」と評価できる。また、特異度を環境の自然性の高低を測る尺度とし、群集が独特であるほど環境の自然性は高く、群集がありふれているほど環境の自然性が低いとしている(青木 １９７８、１９７９)。しかし、ここでは特異度は群集の特異性を測る尺度であることだけに限定しておき、別に各ササラダニ属の評点の総和──総合点──によって環境との関係を解析することを試みた(原田 １９８９)。評点の総合点を基準にした理由は、人為的影響が少なく自然性の高い環境では、生息幅の広い属、狭い属、中間の属など生息幅の変異に富んださまざまな属群(多様性に富んだ属群)からなる群集が構成されているからであり、「独特な群集」からなる「特殊な環境」と「自然性の高い環境」とを区分したからである。

ササラダニを種ではなく、属レベルで扱っているのは、対象地域に限っては種組成と属組成を比較したところ環境区分に大きな差が見られなかったこと、種レベルでの分類はかなり難しく、当時はまだ種レベルでの分類が十分でなかったことなどによる。しかし、現在では種レベルでの分類が進歩したため、種レベルでの解析が一般的である。

横浜市域と都内から得られた資料に基づき、地域ごとの総合点を比較したのが**図4・6**である。地域ごとに資料数が異なるので地点あたりの平均で示してある。人為的影響の比較的に少ない横浜市内

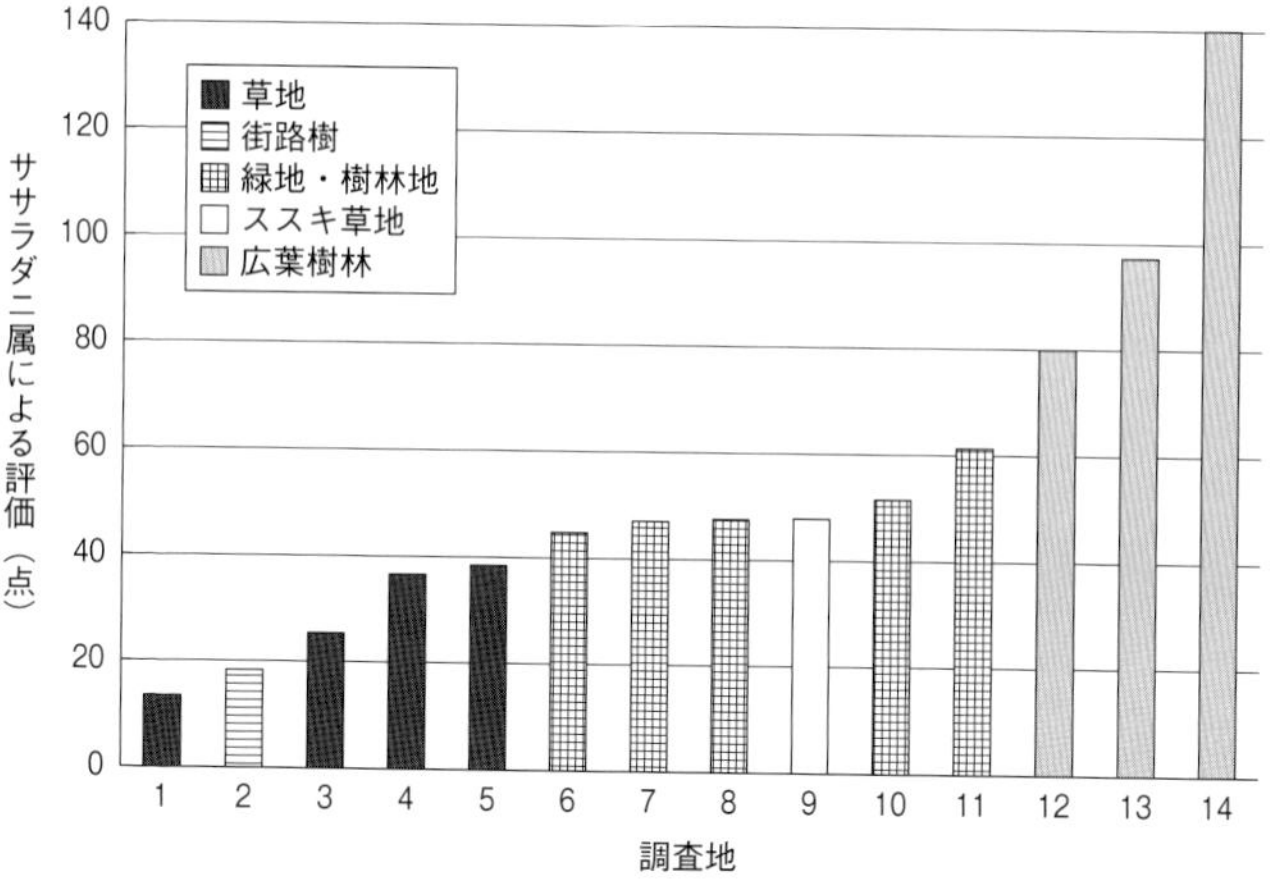

図4.6　横浜市と東京都におけるさまざまな植生地のササラダニ属による自然性の評価

横浜市：1, 2, 5, 9, 10, 12, 13、東京都：3, 4, 6, 7, 8, 11, 14

の森林では80～90点であるが、明治神宮の森林では１４０点と総合点はずばぬけて高い。一方、人為的影響の強い短茎草地、街路樹、シバ草地、草地などは13～30点台にすぎない。公園緑地や樹林地では、それらの中間の40～60点台のところが多い。

このように総合点による表示は一目で分かりやすいが、上限に制限がないため、相対的な比較はできても絶対的な評価ができないのが欠点である。

(2) ササラダニ種による自然性の評価

ササラダニによる自然性の評価(青木 １９９５)は、まず関東地方に生息する主要な１００種類のササラダニをA～Eの5群に区分している。A群は自然林や神社林を主体に生息する25種、B群は自然林から二次林にかけて生息する22種、C群は二次林を中心に生息する21種、D群はさまざ

表4.2　暖温帯域でのササラダニによる自然性の評価基準(青木 1995 より作成)

A群 (5点) 25種	イカダニモドキ イゲタスネナガダニ イトノコダニ オオイレコダニ オオマドダニ カゴメダルマヒワダニ ケタバネダニ コノハツキノワダニ ジャワイレコダニ	ゾウイレコダニ ツシマイカダニ ツバサクワガタダニ ツヤタマゴダニ ツルギイレコダニ ナカタマリイブシダニ ニセイレコダニ ヒビワレイブシダニ ヒワダニ	フトツツハラダニ フリソデダニモドキ ホソゲモリダニ ホソチビツブダニ ホソツキノワダニ ミツバオオマドダニ リキシダニ
B群 (4点) 22種	アラゲフリソデダニ エリナシダニ オオスネナガダニ オバケツキノワダニ カンムリイカダニ キュウジョウコバネダニ コガタイブシダニ コノハイブシダニ	コブジュズダニ サガミツブダニ ザラタマゴダニ シワウズタカダニ ズシツブダニ セマルダニ タモウツブダニ チビゲダルマヒワダニ	ハラゲツブダニ ヒロズツブダニ ヒワダニモドキ フトゲナガヒワダニ ヤマトオオイカダニ ヨスジツブダニ
C群 (3点) 21種	イチモンジダニ オオシダレコソデダニ オクヤマイレコダニ クゴウイレコダニ ケブカツツハラダニ コガタクモスケダニ サドマンジュウダニ	スジツブダニ チビコナダニモドキ ナギナタマドダニ ハナビライレコダニ ヒメハラミゾダニ ヒメリキシダニ フクロフリソデダニ	ホソフリソデダニ マドダニモドキ マルタマゴダニ ミナミリキシダニ ヤッコダニ ヤマトコバネダニ ヨコヅナオニダニ
D群 (2点) 20種	エンマダニ オオハラミゾダニ クワガタダニ ケバマルコソデダニ コブヒゲツブダニ コンボウイカダニ セスジジュズダニ	チビゲフリソデダニ ツノコソデダニ トゲクワガタダニ ナミツブダニ ヒメヘソイレコダニ ヒョウタンイカダニ ミナミクモスケダニ	ヤマトクモスケダニ ヤマトモンツキダニ ヨツクボダニ ヨロイジュズダニ ヨーロッパツブダニ ワタゲジュズダニ
E群 (1点) 12種	クサビフリソデダニ コガタオトヒメダニ コンボウオトヒメダニ サカモリコイタダニ	シワイボダニ ツクバハタケダニ トウキョウツブダニ ネンネコダニ	ハナビラオニダニ ハバビロオトヒメダニ ハルナフリソデダニ ムチフリソデダニ

まな環境に幅広く生息する20種、E群は人為的影響を受けた環境に多く生息する12種の合計100種である（**表4・2**）。次にA群の種には各5点、B群には各4点、C群には各3点、D群には各2点、E群には各1点の点数を与え、評価点の平均値をもってその場所の自然性を評価しようとするものである。評価点の平均値が高いほど自然性が高いということになる。

植生の場合は遷移の段階に応じて種組成を著しく変化させる。極相林とパイオニア植生（遷移系列の初期段階の植生）とでは大きく種組成が異なり、両者の間に共通種は全く存在しない。そのため、評点の平均による五段階評価を行えば、極相林では限りなく5点に、パイオニア植生では1点に近づき、途中相は遷移段階に応じて2～4点台を示すことになる。自然性の高低を遷移段階の地位として表現することが可能となる。

ところが、ササラダニ群集の場合は、植生と異なり遷移のどの段階にも出現する共通種が存在している。自然性の高い環境にも共通種は必ず存在するため、構成種の質的要素を平均すると「玉石混淆《こんこう》」となり、全体に評価点を低下させることになる。具体的にはA群に所属する25種には各5点、さまざまな環境に幅広く生息するD群の20種には各2点の点数が与えられている。そのため、自然性の高い環境では、たとえA群の25種がすべて出現したとしても、平均点が4点を超えることは決してない。なぜならば、生息幅の広いD群の種も必ず出現しているからである。このような理由から、ここでは平均値ではなく、合計値（総合点）を評価点として使用している。

①**自然性の評価例**　横浜市内のシバ群落やシロツメクサ群落など草丈の低い短茎草地では、踏圧など人為的影響を強く受けるため、評価点が4～16点と最も低い（**図4・7**）。公園のツツジの植え込みでは27点となっている。公園では樹木の植え替えや剪定のほかに掃除による落葉の除去、立ち入りによる踏圧などさまざまな人為的影響によって、土壌環境は著しく構造的に破壊されることを反映したものと考えられる。高茎草地のススキ群落では、短茎草地よりも点数が高く31～35点となっている。

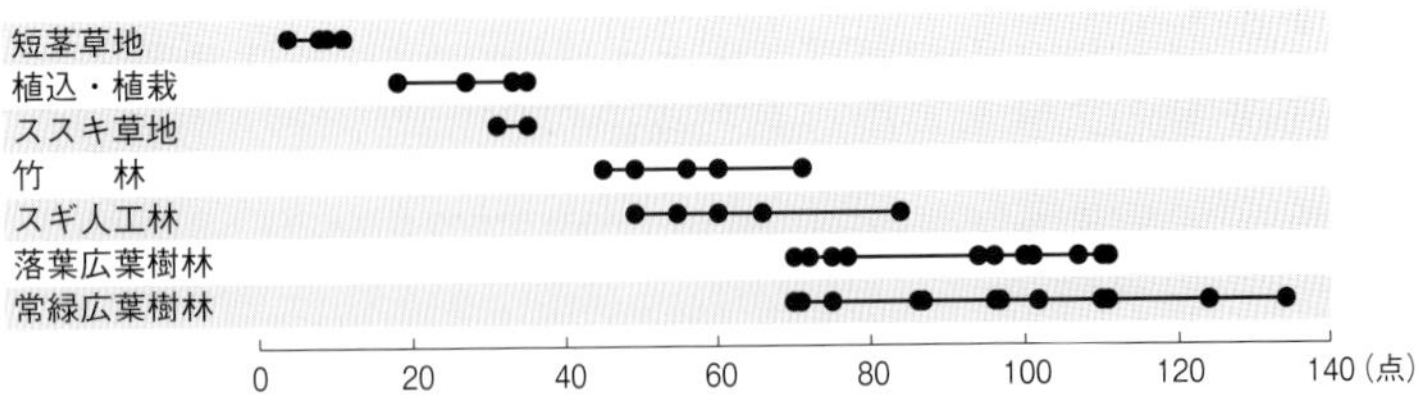

図 4.7　横浜市とその周辺地域における植生類型別にみたササラダニによる自然性の評価

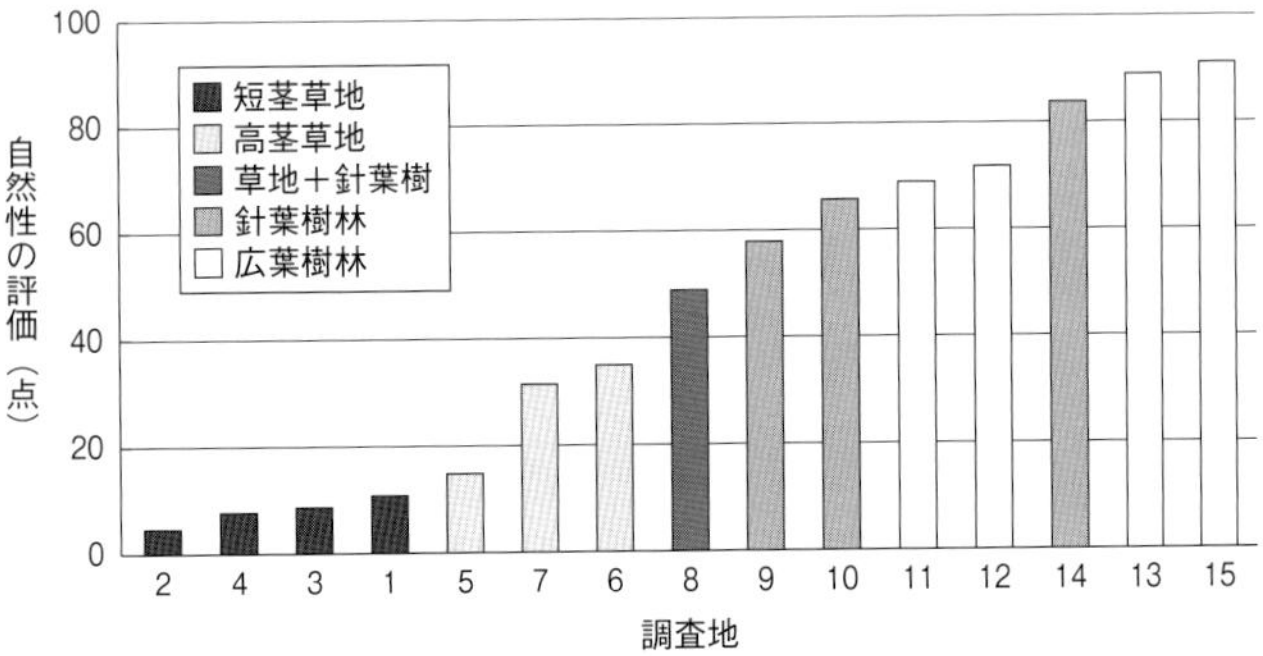

図 4.8　横浜国立大学構内のさまざまな植生地のササラダニによる自然性の評価

竹林は45～71点、スギ人工林は49～84点となっている。竹林とスギ人工林はともに人工植栽のため、植栽された立地環境によって評価点に大きな差が生じることを示している。落葉広葉樹林では、大池こども自然公園の101～111点のように、植生自然度が高いところでは評価点も高くなっている。常緑広葉樹林では、英連邦戦死者墓地のスダジイ林の134点など高い値を示している。なお、**図4・7**には一部に千葉県や静岡県のデータも含まれている。

限られた地域内におけるササラダニによる自然性の評価結果が**図4・8**に示されている。横浜国立大学構内のさまざまな植生下の結果を植生類型別に

表4.3 踏圧が草地土壌におよぼす影響(Harada & Aoki 1979より作成)

植 生	植生高(cm)	土壌硬度(mm)	ササラダニ種数	自然性の評価
シバ群落	20	19.2 ± 1.1	8	11
チカラシバ群落	45	16.7 ± 1.3	14	15
ヨモギ群落	60	9.9 ± 2.1	15	21
アレチマツヨイ群落	120	12.5 ± 2.4	21	25
ススキ群落	160	9.0 ± 2.4	30	46

配置してある。草地では高茎より短茎草地の値が低いことや針葉樹林より広葉樹林のほうが評価点は高くなっている様子がわかる。

② 斜面位置との関係 ハビタット(生息場所)が異なる斜面部を対象に評価点を比較した例である。横浜市保土ヶ谷区のスダジイ林で、斜面の上部と中部では、それぞれ102点と110点と類似した評価点だったが、下部では134点と高い値を示した(奥山ほか2008)。また、同市旭区のコナラ林の傾斜地では、上、中、下部で、それぞれが107点、101点、111点と斜面位置による差は認められていない(奥山ほか2008)。

③ 踏圧との関係 ひとつの草地で互いに隣接して生育している草本植物群落を優占種に基づき5タイプに区分し、そこのササラダニ群集を調べた研究例がある(Harada & Aoki 1979)。人によく踏まれるところほど植生の丈は低くなり、土壌は硬く固まり土壌硬度の値は高くなる。踏圧の程度はシバ群落で大きく、ススキ群落で小さく、その順序は大きいほうから、シバ群落→チカラシバ群落→ヨモギ群落→アレチマツヨイ群落→ススキ群落となっている。ちなみにシバ群落の植生高は20cm、土壌硬度(山中式)は19・2㎜であり、ススキ群落では植生高160㎝、土壌硬度9・0㎜となっている(**表4・3**)。植生高や土壌の柔軟さに対応して、そこに生息し

ているササラダニの種類が8種から30種と増加している。種数とおなじようにササラダニによる自然性の評価点も11点から46点へと順次上昇している。

4　結果・考察上の注意

土壌動物による自然の豊かさ評価やササラダニによる自然性の評価は、おおむね植生自然度に対応し、極相林では高い評価点を示し、遷移初期の段階や人為的影響が大きく及んでいるところでは評価点は低くなっている。また、遷移の途中相に出現する植生ではそれらの中間値を示すので、この評価点によって気候的極相林や潜在自然植生が顕在化している鎮守の森からの隔たり具合を評価・診断することが可能となる。しかし、そのためには同一の遷移系列上にあるもの同士で比較しなければならない。湿潤地や風衝作用が強く高木林が成立できないような土地的な極相となるなど系列が異なるところとは比較しても意味はないので注意する必要がある。

コラム4

●横浜で見つかったカマアシムシの新亜種

カマアシムシ(原尾目)は土の中で一生を過ごす無翅・無眼の昆虫である。今立(1970)によれば、低地の環境が良好な自然林には6～10種のカマアシムシが生息しているという。ここに人為的影響が加わり、環境が悪化すると、変化に敏感な2～3種が消滅し、次いでヨシイムシが消える。がんばって残るのがトサカマアシムシとモリカワカマアシムシであるという。

横浜市域では市街地、住宅地、畑、水田、シバ草地などの人為圧が強く及んでいる環境ではカマアシムシの生息は確認されていない。1986～1988年および1998～1999年の調査(原田 1991a；未発表)で確認されたカマアシムシは9種であった。出現頻度が最も高いのはヨシイムシで、次いでトサカマアシムシ、モリカワカマアシムシ、ウエノカマアシムシと続いている。

保土ヶ谷区狩場町の英連邦戦死者墓地のスダジイ林は、カマアシムシにとって好適な環境のようで7種が見つかっている。うち3種がここだけから出現している。そのうち1種はコウナンカマアシムシ *Huhentomon plicatunguis haradai* という名の新亜種として記載されている(Imadate 1989)。

1998～1999年の再調査ではわずかに1個体(雌)が採取されたにすぎなかった。個体数が著しく減少しているようである。

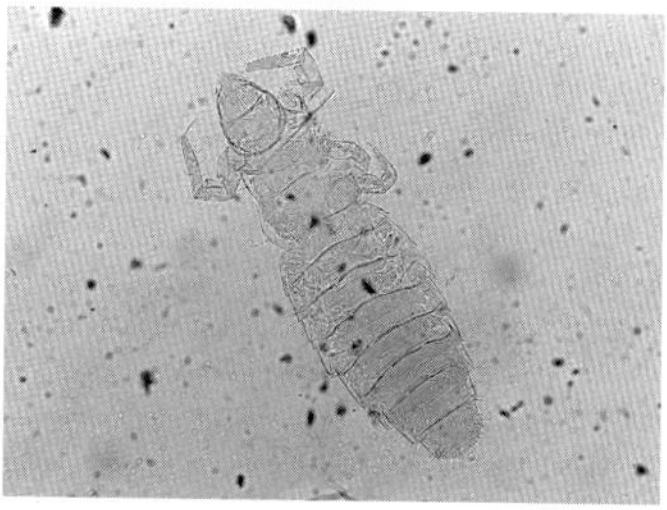

新亜種のコウナンカマアシムシ
(体長1mm)

コラム5

●横浜で見られるキノコ

ムラサキシメジ

ナラタケ

エノキタケ

テングタケ

ニガクリタケ

マイタケ

落葉や落枝などの有機物は土壌動物が摂食することで機械的に分解され、糞として排出される。これが菌(キノコ)によって無機物へと化学的に分解される。また、キノコは土壌動物の餌にもなっている。P.93にササラダニとキノコの関係が説明されている。

あとがき

土壌動物の生きざまから今の横浜の自然の一端を垣間見ようとまとめたのが本書である。「土の中の生きものからみた横浜の自然」という題名では、読者に「読み物風」の普及書というイメージを与えるのではないかとの意見が共著者からも出た。解析の多くは図表を用いての説明ではあるが、図も表も簡単なものなので、一般書としてこのままの題名でよいのではないかということになった。

第1章の「ダンゴムシ」と第3章の「ササラダニ」では種レベル、第2章の「大型土壌動物」では目や科レベルでの解析となっている。また、第4章の「土壌動物による自然性の評価」は両方のレベルによるものである。

すべての動物群が種のレベルで区分され、その区分が簡単なものならよいのだがそう容易ではない。ダンゴムシやミミズに名前が付いたのは比較的最近のことである。聞きなれない名前の動物が出てくるが、おもしろい名前が付いているものだと読み流し、先に進んでいただければ解りやすいと思われる。

本書を作成するにあたり、多くの方々にご支援いただいた。横浜国立大学名誉教授の青木淳一先生には長い間にわたり土壌動物全般についてご指導いただいている。また、先生との共著の論文からいくつかを引用させていただいた。厚く御礼申し上げたい。

ダンゴムシの同定では富山市在住の布村 昇博士と鳥取大学地域学部の唐沢重考准教授、陸産貝類については千葉県立中央博物館の黒住耐二博士、ダンゴムシの野外調査では横浜市在住の芳村 工氏、第2章の図の作成では農研機構東北農業研究センターの内田智子博士、第4章の図の作成ではIGES国際生態学センターの林 寿則博士、森林林床の原図は藤沢市役所の原田敦子氏にご援助・ご協力をいただいた。また、カバー表紙の写真は横浜市温暖化対策統括本部の吉田美緒氏、ダンゴムシの朽木上の写真は静岡市在住の栗田あとり氏、マイタケの写真は横浜国立大学に提出した岩間淳美氏の卒業論文から借用した。以上の方々に厚く御礼申し上げたい。

本書の出版の機会を与えてくださり、いろいろお世話いただいた海青社の宮内 久氏と福井将人氏に御礼申し上げたい。

引用文献

青木淳一（1973）『土壌動物学』（北隆館）
青木淳一（1976）『大地のダニ』（共立出版）
青木淳一（1978）生物反応のモニタリング実施マニュアル――自然環境管理計画手法調査――（本州四国連絡架橋公団）
青木淳一（1979）環境変化の測定における生物指標の役割（文部省「環境科学」特別研究）
青木淳一（1989）都市化・工業化の動植物影響調査マニュアル（千葉県）
青木淳一（1995）自然環境への影響評価――結果と調査法マニュアル（千葉県環境部環境調整課）
青木淳一（1996）環境管理技術14
青木淳一・原田　洋・宮脇　昭（1977）横浜国立大学環境科学研究センター紀要3
飯野順子・原田　洋（2004）春夏秋冬（31）
石田美基（2009）*Nature Study* 5（1）
伊藤正宏・青木淳一（1983）横浜国立大学環境科学研究センター紀要9
伊原禎雄・半田由香里・原田　洋（2007）爬虫両棲類学会報（2）
今立源太良（1970）『動物系統分類学』第7巻（中山書店）
岩本嘉兵衛（1943）植物及動物11（12）
内田智子・金子信博（2004）*Edaphologia*（74）
大場裕一・松田真紀子・藤森憲臣・池谷治義・川野敬介（2015）豊田ホタルの里ミュージアム研究報告書（7）
大久保慎二・原田　洋（2006）生態環境研究13

大野秀樹・グリボスタンヌルメメト・原田 洋(2004)生態環境研究11
奥山隼人・蛭田真生・原田 洋・石川孝之(2008)春夏秋冬(37)
金子信博・伊藤雅道(2004)日本生態学会誌54(3)
狩野泰則・後藤好正(1996)横浜市の陸産貝類 神奈川自然保全研究会報告書(14)
環境省自然環境局野生生物課外来生物対策室(2013)環境省自然環境局野生生物課外来生物対策室
木村紀之・原田 洋(2003)生態環境研究10
栗田あとり・原田 洋(2011)生態環境研究18
佐藤英文・相原富夕子・赤松えり子・阿部由紀子・中島理恵・丸山京子(1996)鶴見女子高等学校生物クラブ
先崎 優・寺山 守・砂村栄力・久保田敏・高桑正敏(2012)月刊むし(501)
先崎 優・原田 洋(2016)生態環境研究23
先崎 優・芳村 工・原田 洋(2015a)神奈川自然誌資料(36)
先崎 優・芳村 工・原田 洋(2015b)生態環境研究21・22
ダーウィン・C(Charles Darwin)(原著)・渡辺弘之(訳)(1994)『ミミズと土』(平凡社)
寺田美奈子(1980)動物と自然10(2)
日本土壌動物学会(編)(2007)『土壌動物学への招待』(東海大学出版会)
布村 昇(1990)*Bulletin of the Toyama Science Museum* 13
長谷川英祐(2010)『働かないアリに意義がある』(メディアファクトリー)
原田 洋(1989)横浜国立大学環境科学センター紀要16
原田 洋(1991a)横浜市陸域の生物相・生態系調査報告書(横浜市公害対策局)
原田 洋(1991b)多摩川流域の生態学的環境指標策定のための手法開発(とうきゅう環境浄化財団研究助成)
原田 洋(2016)*JISE Newsletter* (74)
原田 洋・青木淳一(1996)横浜国立大学環境科学研究センター紀要22
原田 洋・押尾伊麻子・青木淳一(1977)横浜国立大学環境科学研究センター紀要3

原田　洋・酒井祐希・石川孝之（２０１２）横浜市青葉区・都筑区の植生図（一葉）
原田　洋・原田敦子・井上　智（２０１２）明治中期横浜の植生図（一葉）
原田　洋・矢ケ崎朋樹（２０１６）『環境を守る森をつくる』（海青社）
平内良子（１９９４）富山県高等学校教育研究会生物部会生物部会報18
藤田秀雄・原田　洋（２０００）春夏秋冬（24）
奏　宏（１９７８）南紀生物20（２）
渡辺弘之（２００１）かながわの自然63
芳村　工・原田　洋（２００９）生態環境研究16

●外国語

Aoki, J., and G. Kuriki (1980) *Proceedings of the VII International Colloquium of the International Society of Soil Science.*
Fukuyama, K. (2008) *Journal of the Acarological Society of Japan,* 17.
Harada, H., and J. Aoki (1979) *Bulletin of the Yokohama Phytosociological Society of Japan,* 16.
Imadate, G. (1989) *Bulletin of the Biogeographical Society of Japan,* 44.
Karasawa, S., Y. Kanazawa, and K. Kubota (2014) *Edaphologia,* (93).
Wurst, S., and van der Putten W H. (2007) *Basic and Applied Ecology,* (8).

●ウェブサイト

横浜市青葉区青葉土木事務所　青葉区生きもの情報 http://www.city.yokohama.lg.jp/aoba/00life/16doboku/ikimono/（２０１７年３月20日確認）
日本産アリ類画像データベース http://ant.edb.miyakyo-u.ac.jp/J/index.html（２０１７年３月20日確認）
日本産ミミズ大図鑑 https://japanese-mimizu.jimdo.com/（２０１７年３月20日確認）

た　行

な　行

は　行

ま　行

や　行

ら　行

わ　行

索　引

●著者紹介

原田　洋（はらだ　ひろし）

略歴：1946年静岡県生まれ。横浜国立大学卒業。学術博士（北海道大学）。横浜国立大学助手、助教授、教授。現在、横浜国立大学名誉教授。NPO法人国際ふるさとの森づくり協会理事。一般社団法人Silva理事。IGES国際生態学センターシニアフェロー。

主な著書：「日本現代生物誌　マツとシイ」（共著、岩波書店）、「植生景観史入門」（共著、東海大学出版会）、「小さな自然と大きな自然」（単著、東海大学出版会）、「環境保全林」（共著、東海大学出版部）、「土壌動物」（共著、東海大学出版部）、「環境を守る森をつくる」（共著、海青社）など。

栗城源一（くりき　げんいち）

略歴：1949年福島県生まれ。福島大学卒業。学術博士（横浜国立大学）。東北歯科大学（現在奥羽大学）助手、講師、助教授、教授。現在、福島県金山町玉梨里地再生の会副代表。

主な著書：「尾瀬の総合研究」（共著、日本精版）、「土壌動物学への招待」（共著、東海大学出版会）、「湿原に生息するササラダニ　魅力的な世界への誘い」（単著、歴史春秋社）など。

大久保 慎二（おおくぼ　しんじ）

略歴：1980年東京都生まれ。横浜国立大学卒業。公益財団法人自然農法国際研究開発センターに勤務。NPO法人有機農業技術会議やNPO法人有機農業参入促進協議会の事務局業務を兼任後、現在は有機栽培の研究員。

主な論文と活動：「大型土壌動物による冷温帯域の自然性の評価」（共著、生態環境研究）、「施肥しなくても栽培が成り立つしくみ」（現代農業）など。有機農業圃場における大型土壌動物の調査を行っている。

先﨑　優（せんざき　まさる）

略歴：1985年福島県生まれ。東京コミュニケーションアート専門学校卒業。現在、公益財団法人横浜市緑の協会　金沢動物園に勤務。飼育展示係、インドゾウ、インドサイ担当。

主な論文と活動：「横浜市立金沢自然公園内のハナダカダンゴムシとオカダンゴムシの分布」（共著、神奈川自然誌資料）、「横浜市金沢区能見堂緑地におけるハナダカダンゴムシの生態分布」（共著、生態環境研究）など。飼育員としてゾウ、サイの飼育を担当する傍ら、ダンゴムシやアリを中心に野外調査を行っている。主な活動場所は金沢自然公園。

The Nature in Yokohama Viewed by Soil Animals

by

Harada, H., Kuriki, G., Ohkubo, S., and Senzaki, M.

土の中の生きものからみた横浜の自然《つちのなかのいきものからみたよこはまのしぜん》

――ダンゴムシ・大型土壌動物・ササラダニ――

発 行 日――――――2017 年 9 月 15 日　初版第 1 刷

定　　価――――――カバーに表示してあります

著　　者――――――原　田　　　洋

栗　城　源　一

大久保　慎　二

先　﨑　　　優

発 行 者――――――宮　内　　　久

海青社
Kaiseisha Press

〒520-0112　大津市日吉台2丁目16-4
Tel. (077) 577-2677　Fax (077) 577-2688
http://www.kaiseisha-press.ne.jp
郵便振替　01090-1-17991

 ● ISBN978-4-86099-328-3　C0045　● Printed in Japan
● 乱丁落丁はお取り替えいたします